A CARTOGRAFIA

FERNAND JOLY

tradução
TÂNIA PELLEGRINI

revisão técnica
ROSELI PACHECO D. FERREIRA

A CARTOGRAFIA

PAPIRUS EDITORA

Título original em francês: *La cartographie*
© Presses Universitaires de France, 1985

Tradução	Tânia Pellegrini
Capa	Francis Rodrigues
Revisão técnica	Roseli Pacheco D. Ferreira
Copidesque	Luiz Arthur Pagani
Diagramação	DPG Editora
Revisão	Caroline N. Vieira, Niuza M. Gonçalves, Regina Maria Seco e Vera Luciana Morandim

Dados Internacionais de Catalogação na Publicação (CIP)
(Câmara Brasileira do Livro, SP, Brasil)

Joly, Fernand
    A cartografia/Fernand Joly; tradução Tânia Pellegrini; revisão técnica Rosely Pacheco D. Ferreira. – 15ª ed.– Campinas, SP: Papirus, 2013.

Título original: La cartographie.
Bibliografia.
ISBN 978-85-308-0115-1

1. Cartografia I. Título.

13-00893   CDD-526

Índice para catálogo sistemático:
1. Cartografia geográfica   526

15ª Edição – 2013
6ª Reimpressão – 2023
Livro impresso sob demanda – 60 exemplares

Exceto no caso de citações, a grafia deste livro está atualizada segundo o Acordo Ortográfico da Língua Portuguesa adotado no Brasil a partir de 2009.

Proibida a reprodução total ou parcial da obra de acordo com a lei 9.610/98.
Editora afiliada à Associação Brasileira dos Direitos Reprográficos (ABDR).

DIREITOS RESERVADOS PARA A LÍNGUA PORTUGUESA:
© M.R. Cornacchia Editora Ltda. – Papirus Editora
R. Barata Ribeiro, 79, sala 316 – CEP 13023-030 – Vila Itapura
Fone: (19) 3790-1300 – Campinas – São Paulo – Brasil
E-mail: editora@papirus.com.br – www.papirus.com.br

SUMÁRIO

INTRODUÇÃO 7

1. A LINGUAGEM CARTOGRÁFICA 11

2. CONHECER E REPRESENTAR A TERRA 25

3. ANALISAR O ESPAÇO GEOGRÁFICO 61

4. CONTROLAR E GERIR O MEIO AMBIENTE 85

5. QUALIDADES E LIMITES DO MAPA 95

CONCLUSÃO 107

BIBLIOGRAFIA RESUMIDA 111

INTRODUÇÃO

A cartografia é a arte de conceber, de levantar, de redigir e de divulgar os mapas.

Um mapa é uma representação geométrica plana, simplificada e convencional, do todo ou de parte da superfície terrestre, numa relação de similitude conveniente denominada escala.

Um mapa é a representação, sobre uma superfície plana, folha de papel ou monitor de vídeo, da superfície terrestre, que é uma superfície curva. A passagem de uma para outra suscita várias dificuldades. Uma delas é a definição exata da forma e das dimensões da Terra. Este é o objeto da *geodésia*, que se encontra assim na origem de toda cartografia. Uma outra dificuldade consiste em transferir para o plano a superfície assim mensurada. Este é o problema das *projeções*.

Um mapa dá uma imagem incompleta do terreno. Ele nunca é uma reprodução tão fiel quanto pode sê-lo, por exemplo, uma fotografia aérea. Mesmo o mais detalhado dos mapas é uma simplificação da realidade. Ele é uma construção seletiva e representativa que implica o uso de símbolos e de sinais apropriados. As regras dessa simbologia pertencem ao domínio da *semiologia gráfica*, que estabelece uma espécie de gramática da linguagem cartográfica.

Há muito tempo sabe-se construir globos terrestres e mapas do mundo inteiro. Mas, para que sejam cômodos, eles devem ter dimensões reduzidas. Então perdem, em riqueza de detalhes, o que ganham em manejabilidade. É por isso que, para o uso corrente, preferem-se mapas que tratem apenas de uma parte restrita da superfície terrestre: planos de municípios ou de cidades, cartas topográficas de base ou derivadas, mapas de conjunto de um país ou de um continente.

Essas considerações acentuam a importância primordial da *escala* do mapa. Mais que uma simples relação matemática, a escala é um fator de aproximação do terreno cheio de significado científico e técnico. Por um lado, no plano da pesquisa e do levantamento de campo, a escala determina um certo nível de análise em função do espaço a cobrir e dos detalhes a atingir. Por outro, no estágio da redação, a escala é condição da precisão, da legibilidade, da boa apresentação e da eficiência do mapa. O número e o acúmulo dos símbolos empregados dependem, com efeito, do espaço disponível: quanto maior a redução da imagem terrestre (ou seja, quanto menor for a escala), mais severa é a seleção e mais abstrata a simbologia. Resolver esse problema é o objetivo da *generalização,* que aumenta ainda mais o caráter esquemático e convencional da representação cartográfica.

Conforme a definição adotada pela Associação Cartográfica Internacional,[1] a cartografia compreende "o conjunto dos estudos e das operações científicas, artísticas e técnicas que intervêm a partir dos resultados de observações diretas ou da exploração de uma documentação, em vista da elaboração e do estabelecimento de mapas, planos e outros modos de expressão, assim como de sua utilização". Ela engloba, portanto, todas as atividades que vão do levantamento do campo ou da pesquisa bibliográfica até a impressão definitiva e a publicação do mapa elaborado. Nesse contexto, a cartografia é ao mesmo tempo uma ciência, uma arte e uma técnica. Com efeito, ela implica, por parte do cartógrafo, um conhecimento aprofundado do assunto a ser cartografado e dos métodos de estudo que lhe concernem, uma prática comprovada da expressão gráfica

---

1. Associação Cartográfica Internacional, Comissão para a Formação de Cartógrafos; Reunião na Unesco, Paris, abril de 1966.

com suas possibilidades e seus limites, enfim, uma familiaridade com os modernos procedimentos de criação e de divulgação dos mapas, desde o sensoriamento remoto até a cartografia computadorizada, passando pelo desenho manual e pela impressão.

Poucas pessoas são naturalmente capazes de desempenhar todos esses papéis ao mesmo tempo. É inevitável, e desejável aliás, que esses diversos aspectos do trabalho cartográfico tenham seus especialistas. Mas é não menos desejável que cada um desses especialistas possua um certo conhecimento do conjunto dos problemas colocados pela cartografia.

Dentro dos limites das restrições de um contexto, o mapa descreve uma porção do espaço geográfico com suas características qualitativas e/ ou quantitativas. A referência está assegurada por uma rede de coordenadas à qual se relacionam todos os pontos do campo observado. As características do sistema de projeção permitem saber com que propriedades geométricas pode-se contar. A escala formula a relação existente entre o mapa e o terreno. A mensagem cartográfica é antes de tudo uma mensagem de localização e de avaliação das distâncias e das orientações.

Baseado num sistema de símbolos mais ou menos complicados, o mapa é também uma mensagem de informação sobre os objetos, as formas, os fatos e as relações contidas no espaço estudado. Alguns desses símbolos são tão claros ou de uso tão corrente que são quase instintivamente percebidos por todos. Outros, mais sutis, devem ser explicitados por meio de uma legenda.

Além disso, esses símbolos podem ser agrupados entre si de maneira significativa. Essas combinações obedecem a regras semiológicas que as tornam inteligíveis aos que se esforçaram para assimilar bem a legenda. O cartógrafo dispõe, assim, de um meio para mostrar ou para sugerir ao leitor a diversidade das relações visíveis ou invisíveis que são a própria essência das realidades geográficas. Portanto, a mensagem cartográfica também pode ser uma mensagem de interpretação e de comunicação científica.

Mensagem intelectual tanto quanto documentário, traço de união entre um autor e um leitor, o mapa não é neutro. Ele transmite uma certa visão do planeta, inscreve-se num certo sistema de conhecimento e propõe uma certa imagem do mundo, quer se trate da Terra inteira ou do meio ambiente imediato. Na Idade Média, mapas chamados "T dentro do O" mostravam uma Terra circular simbolicamente dividida em três, como a Trindade, com dois braços de mar em T com a Europa à esquerda, a África à direita e a Ásia acima, sede do Paraíso terrestre. Na época de esplendor da Europa, os mapas do mundo eram centralizados sobre o meridiano de Greenwich; agora, muitas vezes estão centrados sobre a América ou sobre o polo. As sociedades modernas, com o auxílio dos mapas, forjam a imagem da disposição futura de seu território. Mapa de fé, mapa técnico ou mapa de propaganda, o mapa, como sistema lógico de visualização, impõe-se como um instrumento maior de conhecimento e de utilização do espaço geográfico.

Função de referência, função de inventário, função de explicação, função de prospecção, função de comunicação: os objetivos da cartografia são múltiplos. Suas técnicas, com a introdução do sensoriamento remoto e da informática, fornecem-lhe os meios ambicionados. Este livro pode apenas sugerir os aspectos essenciais e momentâneos de uma disciplina em acelerada evolução. Serão abordados sucessivamente: uma breve rememoração das características da linguagem cartográfica; a cartografia descritiva da superfície terrestre; a análise cartográfica do espaço geográfico; o papel da cartografia na gestão do meio ambiente. Com suas qualidades e seus limites, o mapa entrou na pesquisa científica tal como na vida corrente: a proliferação dos assuntos e a complicação das técnicas colocam o duplo problema da competência e da formação do cartógrafo.

1
A LINGUAGEM CARTOGRÁFICA

Uma vez que uma linguagem exprime, por meio do emprego de um sistema de signos, um pensamento e um desejo de comunicação com outrem, a cartografia pode, legitimamente, ser considerada como uma linguagem. Linguagem universal, no sentido em que utiliza uma gama de símbolos compreensíveis por todos, com um mínimo de iniciação. Mas linguagem exclusivamente visual e, por isso mesmo, submetida às leis fisiológicas da percepção das imagens. Conhecer as propriedades dessa linguagem para melhor utilizá-la é o objeto da *semiologia gráfica*, conforme o título de uma obra de J. Bertin.[1] A semiologia gráfica está ao mesmo tempo ligada às diversas teorias das formas e de sua representação, desenvolvidas pela psicologia contemporânea, e às teorias da informação. Aplicada à cartografia, ela permite avaliar as vantagens e os limites das variáveis visuais empregadas na simbologia cartográfica e, portanto, formular as regras de uma utilização racional da linguagem cartográfica. Encerrada durante muito tempo dentro de limites técnicos bastante restritivos, porém magnificamente superados, hoje essa linguagem se vê rápida e

---

1. J. Bertin, *Sémiologie graphique*, 2ª ed., Paris, Mouton-Gauthier-Villars, 1973.

consideravelmente modificada pela introdução vigorosa dos métodos da informática e da automação.

Componentes e variáveis

A grande vantagem do mapa é permitir representar num plano os objetos observados sobre a superfície terrestre, ao mesmo tempo na sua posição absoluta e nas suas relações em distâncias e em direções. Duas dimensões privilegiadas do plano, perpendicular uma à outra, determinam as coordenadas geográficas, ou *componentes de localização*: x, a longitude, e y, a latitude. O produto das grandezas em x e em y determina uma superfície. Dessa maneira, o plano cartográfico é uma figura do espaço que possui propriedades métricas consideráveis. É o que faz a superioridade do mapa sobre o simples quadro numérico: ele dá uma visão global, localizada e mensurável dos fenômenos, sugerindo ele mesmo novas medidas, novos dados e novos desenvolvimentos.

Um terceiro componente, z, é chamado *componente de qualificação*. É uma modulação do fundo do mapa por uma mancha (cor ou sinal), que é uma característica do lugar: qualitativa, quantitativa ou ambas. Conforme o caso, essa mancha ocupa uma superfície mais ou menos extensa: é o que se chama modo de implantação da mancha sobre o plano. Em função da *extensão* do objeto ou do fenômeno tal como ele existe no campo distinguem-se três *modos de implantação*: implantação pontual, quando a superfície ocupada é insignificante, mas localizável com precisão; implantação linear, quando sua largura é desprezível em relação ao seu comprimento, o qual, apesar de tudo, pode ser traçado com exatidão; implantação zonal, quando cobre no terreno uma superfície suficiente para ser representada sobre o mapa por uma superfície proporcional homóloga (fig. 1).

A combinação dos dois componentes geográficos e de um componente de qualificação constitui uma imagem cartográfica. Um mapa pode ser uma imagem cartográfica simples ou uma figura formada pela associação de várias imagens cartográficas percebidas simultaneamente pelo leitor. Para realizar tais imagens, por definição destinadas a ser vistas e lidas por um observador, o cartógrafo deve, como o pintor ou o desenhista

FIG. 1 – VARIÁVEIS RETINIANAS (SEG. J. BERTIN)

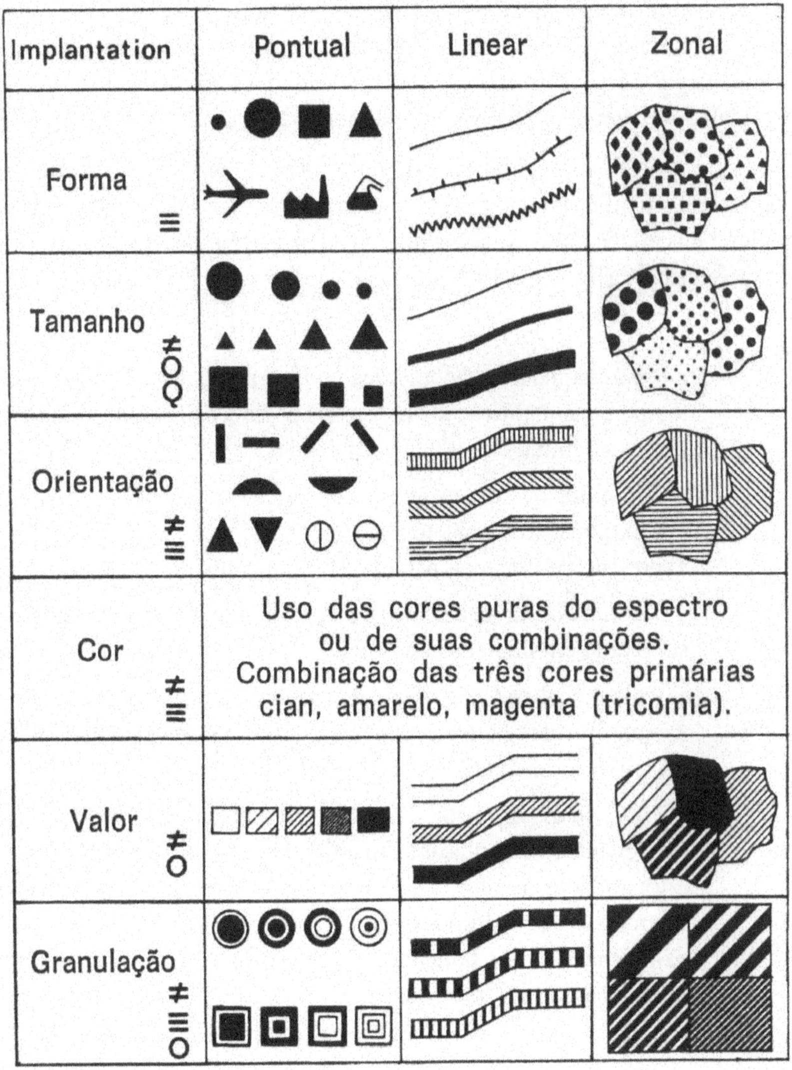

Implantation	Pontual	Linear	Zonal
Forma ≡	• ● ■ ▲ ✈ 🏭	(linhas)	(zonas)
Tamanho ≠ O Q	• ● ● • ▲▲▲▲ ■ ■ ■ ■	(linhas)	(zonas)
Orientação ≠ ≡	❘ − ⁄ \ ⌒ ⌣ ▲ ▼ ① ⊖	(linhas)	(zonas)
Cor ≠ ≡	Uso das cores puras do espectro ou de suas combinações. Combinação das três cores primárias cian, amarelo, magenta (tricomia).		
Valor ≠ O	□ ▨ ▨ ▬ ■	(linhas)	(zonas)
Granulação ≠ ≡ O	⊙ ⊙ ⊙ ⊚ ▣ □ □ ▣	(linhas)	(zonas)

Valor da percepção

≡ associativa   ≠ seletiva   O ordenada   Q quantitativa

publicitário, dobrar-se às leis psicofisiológicas da percepção visual. Essa é uma das maiores restrições da criação cartográfica. No arsenal dos procedimentos gráficos, o cartógrafo deve escolher os que facilitarão a leitura rápida e a assimilação, por um usuário não obrigatoriamente especializado, do que é preciso reter de essencial na informação.

Dentro desse objetivo, o cartógrafo dispõe, conforme J. Bertin, de seis variáveis retinianas ou *variáveis visuais*, por meio das quais pode exprimir a diferenciação local dos componentes de qualificação. Essas seis variáveis são as seguintes (fig. 1):

- a *forma* da mancha, geométrica ou figurativa, permite ao mesmo tempo uma qualificação precisa dos objetos e uma boa percepção de sua similitude ou de suas diferenças;

- o *tamanho*, ou dimensão da superfície da mancha, pode ser proporcional ao do objeto a representar; é praticamente a melhor expressão de uma comparação entre quantidades distintas;

- a *orientação*, na ausência da cor, é uma boa variável seletiva, sobretudo em implantação zonal;

- a *cor*, ou tonalidade, é a variável mais forte, facilmente perceptível e intensamente seletiva; é também a mais delicada para manipular e a mais difícil de utilizar;

- o *valor*, ou matiz da cor, é resultado de uma adição à cor pura ou cor "chapada" de uma certa quantidade de branco que enfraquece a tonalidade; o valor é uma boa variável seletiva que permite diferenciar os subgrupos de um conjunto do mesmo tamanho ou da mesma forma e também um bom meio de classificação para ordenar uma série progressiva;

- a *granulação*, ou estrutura da mancha, é uma modulação da impressão visual, fornecida por variações de tamanho dos elementos figurados, sem modificação da proporção de cor e de branco por unidade de superfície; tal como o valor, a granulação é uma boa variável seletiva e, secundariamente, de classificação de uma série ordenada.

Cada uma das variáveis visuais tem suas propriedades perceptivas, mas nenhuma delas possui todas ao mesmo tempo. Se é teoricamente possível combinar muitas variáveis num mesmo ponto do plano para caracterizar várias qualidades de um mesmo objeto, muitas vezes se é levado a utilizar essa mesma combinação (forma + cor, por exemplo) para reforçar a percepção das semelhanças. De fato, são as variáveis mais fortes que criam a imagem. E a arte do cartógrafo reside na escolha daquelas que tornarão a informação tão inteligível e transmissível quanto possível.

A simbologia cartográfica

Um mapa é, definitivamente, um conjunto de sinais e de cores que traduz a mensagem expressa pelo autor. Os objetos cartografados, materiais ou conceituais, são transcritos por meio de grafismos ou *símbolos,* que resultam de uma convenção proposta ao leitor pelo redator, e que é lembrada num quadro de sinais ou *legenda* do mapa.

Conforme o Glossário Francês de Cartografia,[2] um símbolo é a "representação gráfica de um objeto ou de um fato sob uma forma sugestiva, simplificada ou esquemática, sem implantação rigorosa". De acordo com suas características específicas, os símbolos dividem-se em várias categorias (fig. 2):

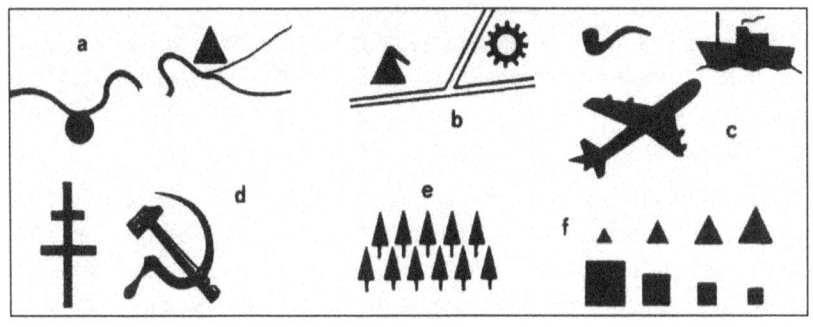

FIG. 2 – SÍMBOLOS CARTOGRÁFICOS

a. sinais convencionais; b. sinais simbólicos; c. pictogramas; d. ideogramas; e. símbolos regulares; f. símbolos proporcionais.

---

2. Glossaire Français de Cartographie, *Bull. Comité Fr. de Cartogr.,* Paris, n. 46, 1970.

- os *sinais convencionais* são esquemas centrados em posição real, que permitem identificar um objeto cuja superfície, na escala, é demasiado pequena para que possa ser tratada em projeção;
- os *sinais simbólicos* são signos evocadores, localizados ou cuja posição é facilmente determinável;
- os *pictogramas* são símbolos figurativos facilmente reconhecíveis;
- um *ideograma* é um pictograma representativo de um conceito ou de uma ideia;
- um *símbolo regular* é uma estrutura constituída pela repetição regular de um elemento gráfico sobre uma superfície delimitada;
- um *símbolo proporcional* é um símbolo quantitativo cuja dimensão varia com o valor do fenômeno representado.

A tendência mais antiga tem sido a de utilizar tanto quanto possível símbolos "naturais", figurativos ou analógicos, de forma que possam ser reconhecidos sem dificuldade. Por exemplo, durante muito tempo as montanhas foram representadas em elevação ou em perspectiva. Ainda nos mapas modernos, o azul dos rios e do mar ou o verde das florestas têm um valor de sugestão universal. Aliás, toda vez que o desenho o permite, os objetos materiais e as formas reais (construções, redes viárias, limites de campos ou de florestas...) merecem ser representados por seus contornos exatos em projeção. Ao contrário, qualquer redução leva a uma representação cada vez mais sintética dos elementos naturais e à introdução de sinais cada vez mais abstratos. A vantagem dos símbolos abstratos é que um mesmo grafismo pode ser utilizado para ilustrar objetos muito diversos. É por isso que seu uso se difundiu tão bem em cartografia temática.

A simbologia cartográfica consiste, assim, num arranjo convencional das manchas significativas localizadas em implantação pontual, linear ou zonal. Esse arranjo pode ser concebido numa única cor, por exemplo, o preto: é a monocromia; ou, ao contrário, numa gama mais ou menos complicada de cores: é a policromia. Às vezes também se dá um valor simbólico à escrita sobre o mapa e um papel de informação complementar à "apresentação", ou seja, ao conjunto das indicações e figuras exteriores ao quadro do mapa.

A liberdade do cartógrafo, no entanto, não é ilimitada, ainda que sua imaginação possa manifestar-se amplamente. Isso porque o mapa não é uma convenção qualquer. Ele é um meio de transmitir uma visão sobre o mundo e de convencer o leitor. Para ser inteligível, ele implica uma certa lógica e, para ser claro, uma certa elegância na apresentação. Nessas condições, um mau uso da simbologia cartográfica pode levar a graves erros de interpretação. O êxito depende, em grande parte, da utilização razoável que é feita das variáveis visuais e da aptidão própria a cada uma delas de se carregar de simbolismo. A semiologia gráfica estabelece suas regras, ou pelo menos os seus princípios, tal como a gramática estabelece os da língua escrita ou o solfejo os da música. Para cada problema a resolver, o cartógrafo deverá levar em conta propriedades expressivas e perceptivas das variáveis visuais relacionadas ao sistema de informações a ser difundido. Como um autor diante da sua página em branco, ele reúne as letras (os símbolos) para com elas formar palavras (as imagens) que se combinarão no espírito do leitor num texto harmonioso (o mapa).

A escala e a generalização

A *escala* de um mapa é a relação constante que existe entre as distâncias lineares medidas sobre o mapa e as distâncias lineares correspondentes, medidas sobre o terreno.

A *escala numérica* normalmente é expressa por uma fração cujo numerador é a medida no mapa e o denominador a medida correspondente no terreno, com o auxílio da mesma unidade. Assim, num mapa de 1/50 000, 1 mm no mapa representa 50 000 mm, ou seja, 50 m, no terreno. Escreve-se que a escala é de 1/50 000 (ou 1:50 000) e se diz que o mapa é "1 para 50 mil". Disso resulta que a escala é tanto menor quanto maior o denominador: 1/10 000 é uma escala maior que 1/50 000, que por sua vez é maior que 1/1 000 000 etc. (fig. 3). A *escala gráfica* é um ábaco formado por uma linha graduada, dividida em partes iguais, cada uma delas representando a unidade de comprimento escolhida para o terreno ou um dos seus múltiplos. Solidária com o mapa, ela permite efetuar medidas

FIG. 3 – COMPARAÇÃO DAS DIFERENTES ESCALAS

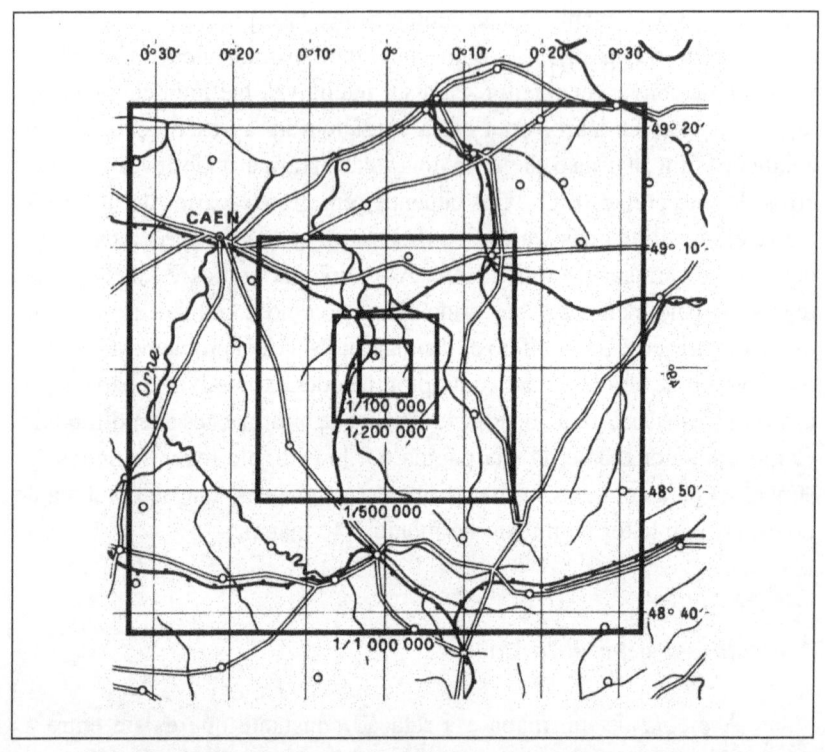

Na escala do desenho (1/1 000 000) o quadrado de 80 mm de lado, no mapa, cobre 6 400 km² na natureza.

Os outros quadrados representam a área comparada de um mapa de dimensões semelhantes, mas em escalas usuais. Assim, na natureza, as superfícies diminuem com o quadrado das escalas, seja: em 1/50 000:1 600 km²; em 1/200 000:256 km²; em 1/100 000:64 km².

diretas sem receio de perturbações que o papel poderia sofrer, nem dos aumentos ou reduções que o traçado original poderia suportar.

Mas a escala de um mapa não é apenas uma simples relação de redução. É também um meio de interceptar sobre uma dada superfície de papel uma maior ou menor porção do espaço, portanto, de enfocar seu estudo conforme diversas ordens de grandeza, desde as que se medem em milhares de quilômetros até as que não ultrapassam algumas dezenas de metros, ou até menos. Assim, um mapa de dimensões dadas sobre o papel cobre superfícies reais que diminuem com o quadrado das escalas (fig. 3). O espaço disponível para o desenho dessas superfícies diminui, portanto, nas mesmas proporções: a expressão gráfica torna-se necessariamente mais sintética e, em consequência, mais esquemática. Daí a importância fundamental da escala em cartografia; todos os meios de expressão e todos os procedimentos de representação dependem estritamente dela. A cada valor da escala corresponde uma apropriada sutileza do desenho e, portanto, uma possibilidade de formulação limitada. Toda mudança de escala exige uma revisão do sistema gráfico no sentido da precisão do detalhe, se a escala aumenta, e no sentido da simplificação e da generalização se, ao contrário, a escala diminui.

A *generalização* é a operação pela qual os elementos de um mapa são adaptados ao desenho de um mapa de escala inferior. Ela não ocorre sem uma certa deformação ou deslocamento dos objetos cartografados. Tecnicamente, ela compreende:

- Uma seleção dos detalhes que é necessário conservar em função do assunto do mapa, de seu valor significativo ou do seu papel como referência.

- Uma esquematização do desenho, chamada "generalização estrutural" que, conservando a implantação dos diferentes grafismos, consiste em apagar ou atenuar características desprezíveis para acentuar, ao contrário, os caracteres importantes que com a redução correriam o risco de desaparecer (fig. 4); entretanto, quando a escala diminui muito, é preciso apelar para uma "generalização conceitual", ou seja, uma mudança radical da representação cartográfica, utilizando símbolos mais sintéticos e menos numerosos.

- Uma harmonização da posição relativa dos elementos conservados, esquematizados ou deformados, que tem como objetivo preservar as relações espaciais observadas no campo, mesmo se foi preciso dilatar ou deslocar certos objetos para resguardar sua legibilidade.

Fig. 4 – A GENERALIZAÇÃO

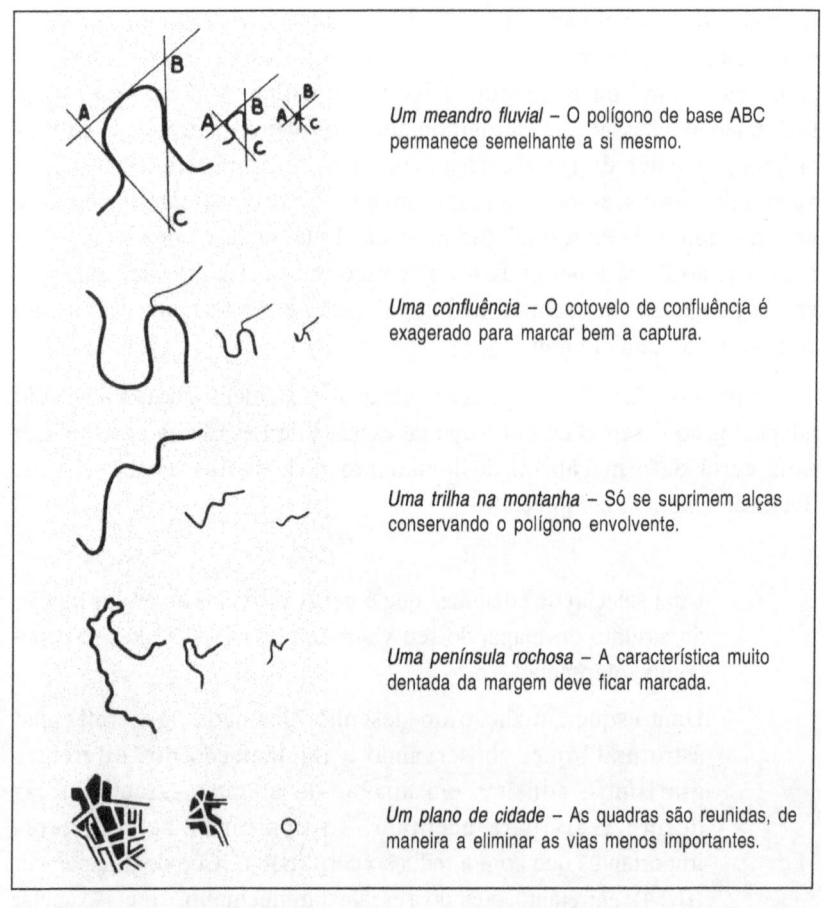

Um meandro fluvial – O polígono de base ABC permanece semelhante a si mesmo.

Uma confluência – O cotovelo de confluência é exagerado para marcar bem a captura.

Uma trilha na montanha – Só se suprimem alças conservando o polígono envolvente.

Uma península rochosa – A característica muito dentada da margem deve ficar marcada.

Um plano de cidade – As quadras são reunidas, de maneira a eliminar as vias menos importantes.

A generalização não pode ser uma simples redução, como a que seria obtida, por exemplo, pela fotografia ou pelo computador. Ela implica uma interpretação lógica dessa redução, o que requer um certo "senso geográfico" por parte do cartógrafo. Uma etapa intermediária de escala é mesmo muitas vezes necessária, pois a mais hábil experiência às vezes tem dificuldade em distinguir num mapa de grande escala os detalhes que será preciso manter daqueles que podem ser abstraídos. É por isso que a generalização, que não pode ser evitada – apesar de engenhosas realizações – também não pode ser facilmente automatizada. De qualquer forma, é um dos mais difíceis problemas colocados para o cartógrafo.

As técnicas cartográficas

Não se pode desenvolver aqui tudo aquilo que se refere ao aspecto estritamente técnico da cartografia. Por outro lado, encontrar-se-ão[3] as informações necessárias. Lembremos apenas a sua diversidade.

Redigir um mapa é, primeiro, juntar a documentação indispensável a uma cobertura exaustiva do território considerado: efetuar o *levantamento de campo* ou tratar no escritório os dados estatísticos, cartográficos ou iconográficos coletados. É necessário fazê-lo, ainda, com uma ideia clara do que poderá ser a transcrição gráfica. Nesse estágio, o trabalho do cartógrafo exige um conhecimento aprofundado do assunto a tratar. As técnicas empregadas são as do pesquisador: trata-se de observar, identificar, localizar, analisar, classificar... Simplesmente, em vez de produzir um texto escrito, é preciso cobrir de sinais e de símbolos uma base representativa do espaço estudado.

O levantamento chega, normalmente, à elaboração de uma *minuta*, minuta de campo ou minuta de laboratório, que é um primeiro lançamento, um rascunho do que deverá ser o futuro mapa. Expressão da visão do espaço que o autor quer transmitir ao leitor, esse documento deve ser redigido em linguagem cartográfica conveniente, isto é, utilizando corretamente, em escala apropriada, as variáveis visuais e os símbolos. Exige-se, no manejo da arte gráfica, uma prática comparável à do escritor que compõe um manuscrito.

As etapas seguintes são mais exclusivamente técnicas. O ponto de vista científico é solicitado apenas para melhorar ou corrigir as eventuais insuficiências da expressão. O que conta, a partir de então, é a habilidade do desenhista projetista em colocar com clareza o esboço que servirá de base para desenhistas executores realizarem as *pranchas de tiragem*, na razão de uma prancha por cor empregada no momento da impressão. Cada prancha é composta de:

---

3. Cf. R. Cuénin, *Cartographie générale*, 2 vol., Paris, Eyrolles, 1972, e F. Joly, *La cartographie*, Paris, PUF, col. "Magellan", 1976.

- traçados de linha (costas, rios, estradas, curvas de nível, limites diversos...), antigamente desenhados com o tira-linhas sobre uma base ou gravados sobre metal e hoje geralmente gravados em negativo sobre máscara disposta num suporte estável (vidro ou plástico);
- letras e sinais pontuais apresentados numa colagem de composições fotográficas sobre adesivo transparente ou pelo decalque de pranchas pré-impressas;
- manchas obtidas pelo desenho ou pela colagem de retículas ou de símbolos regulares ou por operações fotográficas nos vazios de uma "máscara" inactínica.

Além disso, o mapa escapa do cartógrafo para entrar no circuito industrial e comercial da *fotogravura*, da *impressão* e da *difusão*. Resta um problema técnico importante, que é o da revisão e da atualização dos documentos cartográficos. Esse problema está evidentemente ligado à técnica de produção e de conservação das pranchas de tiragem. Nos mapas policrômicos, obtidos com pranchas separadas, é possível revisar cada uma delas em separado. Mas vai-se de encontro ao tempo de vida dos suportes originais. As bases se deformam, gastam-se as pranchas de metal, as películas sobre plástico deterioram-se muito depressa, entre cinco e dez anos. Para revisões com intervalo maior, sempre se pode refazer inteiramente a preparação, mas é um dispêndio muito grande que só uma necessidade maior pode justificar. Em alguns casos, a utilização da cartografia automática dá uma solução parcial a essas dificuldades.

A automação

A introdução da cartografia automática é, sem dúvida nenhuma, o acontecimento mais importante e de maiores consequências ocorrido na história da cartografia nas últimas décadas. Veremos mais adiante como ela se insere nas diversas funções da cartografia. Digamos aqui que ela inaugurou um caminho novo, que não cessa de se desenvolver com rapidez, a ponto de tornar obsoleto um bom número de operações técnicas tradicionais e de perturbar, ao extremo, tanto a concepção quanto a realização dos mapas.

É pelas fases mais matemáticas do processo cartográfico que a automação entra na cartografia, com o aparecimento dos computadores (calculadores eletrônicos), por volta de 1946. As primeiras aplicações atingiram os cálculos astronômicos e geodésicos, o estabelecimento das projeções e depois o tratamento estatístico dos dados geográficos. Mas foi no decorrer dos anos 60 que a informática se dedicou ao problema decisivo da automação do desenho, graças aos coordenatógrafos de comando numérico, e depois às mesas traçadoras e aos monitores de vídeo. A partir de então, a *infografia*, ou *cartografia assessorada por computador*, é operacional em todos os estágios de elaboração dos mapas, em que ela renova completamente os princípios e as formas. Duas espécies de sistemas automáticos são empregados desde então: aqueles cujo papel principal é gerar um banco de dados cujos registros cartográficos são um produto dentre outros e aqueles cujo objetivo é prioritariamente a produção de mapas.

Os bancos de dados ainda estão longe de ser exaustivos. As informações (valores característicos z, posição em x e em y) são estocadas sob forma numérica em fichas perfuradas ou em fitas magnéticas relativamente frágeis, ou, mais recentemente, em discos ópticos gravados a *laser*. A "apreensão" desses dados é feita a partir de levantamentos de campo ou por numerização de documentos existentes (mapas, fotos aéreas ou radiogramas de satélites). Além disso, há toda uma metodologia a atualizar para padronizar as observações, notadamente estatísticas, para inventariá-las e juntá-las em proveito de todos.

Mas é no domínio da produção dos mapas que se realizaram os progressos mais espetaculares. Graças a toda uma série diferenciada de "terminais", a informática permite "saídas" apropriadas a todas as necessidades: quadros numéricos, curvas e diagramas ou cartografia automática. Pode-se extrair do banco de dados toda espécie de documentos próprios a cada uma das especialidades científicas ou técnicas que tratam de divisão espacial. Acoplados aos programas de tratamento dos dados, os programas de tratamento gráfico executam todas as operações cartográficas usuais: construção de redes de projeção, conversão de um sistema em outro, colocação em escala e mudanças de escala, traçado de curvas e de isolinhas, hachuras, pontilhados, sinais proporcionais, símbolos diversos, colocação em perspectiva e elevação em 3 dimensões, "3D" (blocos-diagramas) etc.

Assim se estabelecem, sem intervenção manual, graças à "informática de localização", mapas "numéricos" ou "infográficos", simples etapas num processo de elaboração de um mapa final, ou produtos permanentes registrados nos arquivos do computador. Desses arquivos podem surgir, à vontade, no todo ou em parte, mapas analíticos ou combinações de mapas diretamente reprodutíveis pela impressão, ou visualizações fugazes na tela. Além do mais, é possível, nessas figuras, suprimir, acrescentar ou corrigir a informação antes de reintroduzi-la na memória da máquina.

A automação é, assim, um meio ao mesmo tempo maleável e poderoso de análise e de realização cartográficas. Sua principal vantagem é a de produzir bem rápido um grande número de documentos variados a partir de um mesmo cabedal de informações registradas. O ganho de tempo e a maleabilidade são apreciáveis sobretudo quando se trata de mapas condenados a envelhecer rapidamente, ou da sua atualização. Na nossa civilização da imagem, a automação só pode, portanto, favorecer a criação e a divulgação dos mapas, notadamente dos mapas derivados para fins particulares. Restam o problema da coleta de dados e o da qualidade dos documentos produzidos. O pesquisador deverá submeter suas pesquisas aos imperativos dos bancos de dados (quantificação, codificação, padronização dos "thesaurus"), nos limites restritivos da iniciativa pessoal. O leitor, por sua vez, deverá se adequar a um novo estilo de grafismos que vão da expressão alfanumérica comum ao mais elaborado mapa "clássico". Paradoxalmente, com a visualização na tela, a automação pode até levar a suprimir o estágio da expressão gráfica permanente para guardar os documentos apenas sob a forma eletrônica. Por outro lado, por esse meio, ela pode desenvolver uma forma nova e promissora de diálogo entre o criador e o usuário dos mapas.

Nessas condições e num futuro próximo, ver-se-á desaparecer qualquer intervenção humana na cartografia? Nada é menos seguro e menos desejável. A máquina apenas restitui o que se lhe fornece. No contexto atual, e apesar dos avanços fulgurantes da "inteligência artificial", ela ainda não é totalmente capaz de invenção, de discernimento voluntário, de intuição ou de imaginação criadora, qualidades necessárias ao desenvolvimento científico. O fornecimento dos dados, seu crescimento, o manejo da comunicação gráfica e das leis da visão permanecerão por muito tempo ainda como o verdadeiro domínio do cartógrafo.

2
CONHECER E REPRESENTAR A TERRA

Conhecer e representar a Terra foram os primeiros objetivos da cartografia. Ainda hoje é a sua maior preocupação, à qual está ligada a atividade de organismos importantes, no mais das vezes oficiais, como o Instituto Geográfico Nacional (IGN), na França.

Os homens sempre procuraram conservar a memória dos lugares e dos caminhos úteis às suas ocupações. Aprenderam a gravar os seus detalhes em placas de argila, madeira ou metal, ou a desenhá-las nos tecidos, nos papiros e nos pergaminhos. Assim, apareceram no Egito, na Assíria, na Fenícia e na China os primeiros esboços cartográficos.

Os comerciantes e os militares logo compreenderam o interesse de tais documentos para os seus deslocamentos. Os "périplos" dos navegadores gregos e fenícios eram catálogos de topônimos, de portos e de ancoradouros acrescidos das descrições necessárias a sua identificação. Mas talvez fossem ilustrados por mapas. Os imperadores romanos fizeram traçar, para o uso de seus exércitos, "itinerários" a partir dos arquivos de estradas e dos relatos de viajantes. A maior parte se perdeu ou são conhecidos apenas pelos comentários que os acompanhavam. A Tábua de Peutinger, cópia medieval de um deles[1] dá uma ideia do que podiam ser: uma rede esquematizada de caminhos sobre uma base com rios, com lagos e com montanhas, com indicação das encostas, das distâncias, das paradas e das cidades, representadas por símbolos. Itinerários semelhantes, muitas vezes artisticamente decorados, existiram na China e no Japão. Reduzidos ao essencial, desprezando as redes geométricas reais, essas figuras lembram mais planos publicitários estilizados do que verdadeiros mapas. Mas não deixam de ser os antepassados de nossos modernos mapas rodoviários.

Entre esses simples esboços e os verdadeiros mapas, é fato que esses últimos se baseiam numa rede geometricamente construída. Foram os sábios gregos que forneceram os seus primeiros elementos. Recolhendo todos os dados disponíveis e inventando os sistemas de projeção, eles fundaram uma cartografia racional, livre dos fantasmas religiosos e das mistificações comerciais, assentada em bases matemáticas cada vez mais seguras.

A representação da Terra no seu conjunto ocupou os cartógrafos desde o início de sua atividade, mesmo se, às vezes, a imaginação devesse suprir a falta de informação. O principal objetivo da cartografia, até o século XVII, foi precisar essa imagem global da Terra à medida que foi sendo descoberta. Mas, a partir do século XVII, as necessidades da guerra e da administração exigiram mapas mais detalhados e de maior escala. Esse foi, então, o início do que hoje denominamos *cartografia topográfica*, que se expandiu nas grandes realizações do século XIX. Essa cartografia topográfica é uma cartografia de precisão, levantada em grande escala. Os mapas surgidos desses levantamentos são os "mapas de base", a partir dos quais são obtidos os "mapas derivados", com escala cada vez menor, até os "mapas de conjunto" e os planisférios representativos da Terra inteira.

Hoje, as operações geodésicas, topográficas e cartográficas aceleraram-se e aperfeiçoaram-se consideravelmente. Restituições podem

---

1. Esse documento, precioso apesar dos erros, foi descoberto em Worms, no século XV, e pertenceu ao humanista e colecionador alemão Konrad Peutinger (1465-1547). Trata-se de uma cópia medieval de um mapa de itinerários do Império Romano (séculos III e IV), que atualmente se encontra em Viena. (N.T.)

ser obtidas quase que automaticamente a partir de fotografias aéreas ou de registros de satélites. Os dados de campo e de "sensoriamento remoto" são coletados, numerizados e armazenados nos bancos de dados informatizados. A *geomática* gera e trata esses fichários. Ela prepara, assim, novos registros cartográficos, computadorizados, que são, desde hoje, os mapas de amanhã.

As plantas de grande escala

Ao contrário dos itinerários e dos périplos, que se referem a vastos espaços e que compilam os conhecimentos de numerosos observadores, as plantas de grande escala são bem localizadas e resultam de trabalhos de campo estritamente limitados. Sabe-se que, desde a Antiguidade, as operações cadastrais e as irrigações geraram trabalhos de agrimensura importantes. Na verdade, o levantamento das plantas pertence mais ao domínio do topógrafo que ao do cartógrafo. Apesar de tudo ele provém da mesma preocupação com a medida e a representação da superfície terrestre.

Os métodos de levantamento são simples, o que não exclui a minúcia nem a precisão. Eles consistem em uma redução ao plano horizontal, que conserva a conformação das linhas e o valor dos ângulos. Sendo a superfície implicada bastante restrita para que a curvatura terrestre possa ser desprezada, basta determinar diretamente as orientações e as distâncias e aplicar um coeficiente de escala para assegurar uma exata similitude com o original. As distâncias são medidas com fita decamétrica ou por estadimetria. A estadimetria é a leitura direta, numa luneta, do ângulo a partir do qual se veem as referências de uma mira graduada. A avaliação dos ângulos é efetuada com o teodolito ou o taqueômetro, que permitem a observação simultânea dos azimutes (desvios do meridiano magnético), das localizações (diferenças de altitude) e das distâncias sobre uma mira graduada (mira falante ou mira de nivelamento de leitura automática). Para um operador experiente, o levantamento é muito rápido e cada estação pode ser verificada a partir das vizinhas. A transferência dos pontos e o desenho em papel são feitos no gabinete, a partir da caderneta de campo e de um esboço sumário das estações. É preciso apenas atenção para nada esquecer!

O levantamento das plantas intervém toda vez que se trata de constatar uma situação topográfica dada, seja para estudá-la, seja para conservá-la, utilizá-la, modificá-la ou organizá-la. Portanto, as plantas são numerosas e diversas. As plantas correntes são as seguintes:

– As *plantas cadastrais* são a base da identificação das propriedades imobiliárias e do estabelecimento do imposto predial. As plantas de referência são as *plantas parcelares,* estabelecidas numa escala próxima a 1:1 000 ou 1:2 000. Comportam as demarcações, os limites das propriedades, as cercas, os muros, as construções, os caminhos, os canais etc. A interpretação das fotos aéreas traz complementações sobre a forma dos campos e a situação do *habitat.* Em princípio, esses planos permitem uma avaliação relativamente satisfatória das superfícies, seja pela decomposição em elementos triangulares ou quadrangulares, seja pela medição direta com o planímetro.[2] Por outro lado, a terceira dimensão, a altitude, raramente é levada em consideração. Por conseguinte, nada permite corrigir os efeitos de declive, de maneira que as superfícies medidas em região acidentada são sempre inferiores às superfícies reais. Mas, tratando-se de terrenos suficientemente exíguos, o erro é insignificante, na prática.

Na França, o levantamento dos planos cadastrais é codificado e coordenado por um Serviço de Cadastro ligado ao Ministério das Finanças. As plantas parcelares são reagrupadas, em cada município, num atlas que compreende um quadro de conjunto, a 1:2 500, e documentos anexos: um "estado de seção" (repertório das parcelas) e uma "matriz cadastral" (repertório dos proprietários).

– Os *planos diretores* são planos destinados a servir a um programa de ação militar ou econômica. A expressão "plano diretor" provém do uso que se fazia desses documentos para "dirigir" o tiro das baterias de artilharia. Os mais antigos derivam dos planos de cidades ou de fortalezas

---

2. Um planímetro é um instrumento provido de um graminho, com o qual se percorre o contorno de uma superfície, e de um mostrador, que registra, na escala desejada, a superfície assim definida.

destinadas aos exércitos em campanha. Foi para arquivá-los e classificá-los que Louvois criou, em 1688, o "Depósito da Guerra" e, para levantá-los, Vauban instituiu, em 1698, o corpo dos "engenheiros dos campos e dos exércitos" que, no século XVIII, tornar-se-ia o corpo de "engenheiros geógrafos" militares.

Mas os conflitos do fim do século XIX e do início do século XX mostraram a necessidade, para os disparos da artilharia, do acesso a uma topografia precisa, em 1:10 000 ou em 1:20 000. Do ponto de vista cartográfico, os planos diretores distinguem-se essencialmente das plantas cadastrais por uma escala menor, que permite englobar uma superfície mais vasta por uma implantação sistemática de cotas de altitude ou uma rede de curvas de nível e pela existência de uma quadrícula geométrica de referência, indispensáveis para os cálculos de pontaria. Assim instalou-se, entre o cadastro e o mapa topográfico de 1:80 000, uma série com escala, intermediária que se tornou desde então o mapa de base da França, primeiro a 1:20 000, depois a 1:25 000. Fora do domínio militar, a expressão "plano diretor" é também empregada pelos urbanistas e pelos planejadores no sentido prospectivo de um plano que, levando em conta situações existentes, propõe um estado futuro a realizar. São, assim, planos ou "esquemas diretores", em escala regional, planos urbanísticos, planos reguladores, planos de ocupação do solo (POS) etc.

– As *plantas de cidades* são estabelecidas em grande escala, de 1:5 000, 1:2 000 e às vezes mais. Os detalhes da rede viária e das construções são transferidos para um quadriculado hecto ou decamétrico, por abcissas e ordenadas, o que facilita a automação, de fato cada vez mais praticada. Por redução e adaptação, as plantas de cidades servem de fundo a planos derivados em escala menor, destinados a toda espécie de uso: repertórios de ruas, redes de transporte urbano, turismo etc.

– As *plantas de obras* são levantamentos em diversas escalas, de acordo com a necessidade, por encaminhamentos com o taqueômetro e com a fita de agrimensura. Um caso particular é o dos levantamentos subterrâneos (galerias, grutas, túneis) que apelam para os mesmos métodos, mas em condições mais difíceis: poços de referência na superfície, miras luminosas, estaqueamento no teto das galerias etc.

A aerofotogrametria em geral ajuda pouco no levantamento propriamente dito das plantas em grande escala (acima de 1:10 000). Ao contrário, a fotointerpretação é correntemente empregada na verificação dos detalhes planimétricos e para a atualização de documentos. Em inúmeros serviços, a cartografia computadorizada substitui progressivamente a cartografia "clássica" na redação das plantas. Com efeito, ela permite tratar dados numerosos, mutáveis e complexos a partir de bancos de dados ao mesmo tempo gráficos e numéricos. A parte gráfica é chamada ao monitor de vídeo e a parte numérica pode ser evocada, manipulada e modificada com base nessa visualização. A partir daí é possível devolver à memória ou reproduzir no papel, em prazos bem curtos e na escala pretendida, contornos, limites, redes viárias, traçados diversos; isso com uma notável qualidade de desenho e sobretudo com apreciável ganho de produtividade em relação às tarefas menos criativas e mais repetitivas da realização cartográfica.

Referências: Coordenadas terrestres – O problema do ponto

Sendo o mapa, antes de tudo, um instrumento criado para responder à questão "onde estou?" ou "onde está esse objeto?", a localização dos lugares geográficos deve ser enfocada com o máximo de precisão e de fidelidade. De fato, essa foi uma das maiores preocupações dos cartógrafos, em todos os tempos. O problema pode ser resolvido de duas maneiras: determinando cada ponto sucessivamente, a partir de um ponto de origem conhecido, ou determinando seu lugar numa rede coerente de coordenadas.

A primeira solução é a adotada para o levantamento de plantas. É também a que se aplica, empiricamente, na preparação dos itinerários e dos mais antigos mapas de navegação. A partir de um lugar de origem, capital de império ou porto de embarque, observavam-se as direções em relação ao Sol e às estrelas, e as distâncias, avaliadas em passos ou em tempos, eram traduzidas em extensão. Da imprecisão dessas medidas evidentemente resultaram erros consideráveis. Um passo decisivo foi dado com a introdução da bússola, trazida do Extremo Oriente para o Ocidente pelos árabes, por volta do fim do século XII. Os marinheiros determinavam a posição dos cabos segundo suas bússolas marítimas e, medindo os ângulos em relação ao norte magnético – os "rumos" – confeccionaram mapas em que figuravam as principais direções seguidas. Cortes a partir de outros pontos conhecidos davam a posição das estações desconhecidas; inversamente, uma rota traçada no mapa fornecia a direção a seguir. Esses "mapas de pilotos", "portolanos" ou *portulanos*, devem ter se revelado suficientemente exatos e eficazes para assegurar, a partir do século XIV e até o século XVI, um êxito merecido.

Paralelamente, e desde a Antiguidade, os sábios imaginaram construir *quadrículas* ou sistemas universais de referência. Desde o século VI a.C., Anaximandro e Hecateu, da escola de Mileto, propuseram transportar os lugares conhecidos para um retângulo cujos lados, divididos em estádios, constituíam um esboço de coordenadas. No século IV, Dicearco construiu um mapa apoiado em dois eixos, um dos quais, o "diafragma", estendia-se de leste a oeste por Rodes e pelas Colunas de Hércules, e o outro, o "perpendicular", passava também por Rodes. No fim do século III, Eratóstenes aperfeiçoou o sistema acrescentando aos dois eixos de Dicearco outras linhas perpendiculares que formavam uma rede retangular, passando por lugares conhecidos. Mas foi Hiparco, astrônomo da escola de Rodes, quem, no século II, pela primeira vez dividiu a circunferência terrestre em 360 graus e depois cobriu o globo com uma rede de meridianos e de paralelos equidistantes. Desenvolvendo-o sobre um plano, realizou assim a primeira *quadrícula* para "mapas planos" em coordenadas retangulares. Desde então, podia-se transportar exatamente os lugares conhecidos e os lugares recém-descobertos, por pouco que fossem calculados os dados astronômicos necessários para marcar suas posições na rede de *quadrículas*.

De fato, qualquer ponto da superfície terrestre pode ser definido com relação ao sistema de referências fixas que se chamam *coordenadas terrestres* ou *coordenadas geográficas* (fig. 5). Essas coordenadas compreendem:

- Os *meridianos*, grandes círculos da esfera cujo plano contém o eixo de rotação, ou eixo dos polos. A *longitude* de um lugar (x ou λ) é a distância, expressa em graus, minutos e segundos de arco, entre o meridiano do lugar e o meridiano de Greenwich (perto de Londres), tomando como origem. A longitude se mede de 0 a 180° L ou O.

- Os *paralelos*, círculos da esfera cujo plano é perpendicular ao eixo dos polos. O Equador, que divide a Terra em dois hemisférios, é o único paralelo que é um grande círculo e cujo centro é o centro da Terra. A *latitude* (y ou φ) é a distância, expressa em graus, minutos e segundos de arco, entre o paralelo de um lugar e o Equador, tomado como origem. A latitude é medida de 0 a 90° N ou S.

"Estabelecer ponto" é determinar as coordenadas de um lugar, a partir de medidas astronômicas.

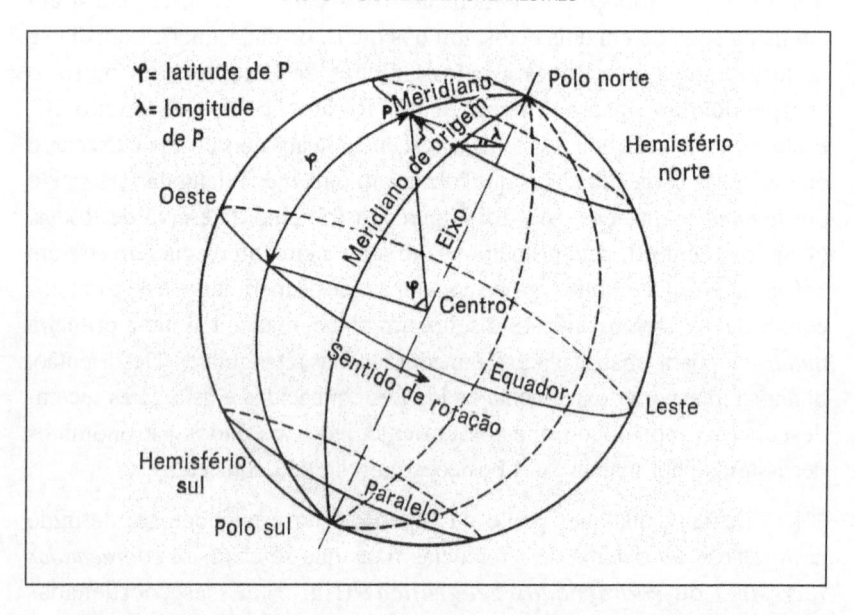

Fig. 5 – Coordenadas terrestres

A latitude é deduzida da altura de um astro acima do horizonte, no momento de sua passagem no meridiano do lugar. A relativa facilidade dessa observação, praticada desde a Antiguidade, explica por que as latitudes já eram conhecidas nessa época, com uma boa aproximação. A medida mais exata decorre da média das observações, feitas com o teodolito, da altura (ou de seu complemento, a distância zenital) da Estrela Polar. As estimativas mais correntes, em navegação por exemplo, são feitas com o sextante no Sol ao meio-dia, com as correções convenientes às variações no tempo, da altura do astro. Outras correções levam em conta a refração dos raios luminosos que atravessam a atmosfera.

Obtém-se a longitude comparando a hora do lugar, deduzida da passagem de um astro no plano meridiano, à hora do meridiano de origem, sabendo que um deslocamento de uma hora corresponde a uma diferença de longitude de 15 graus. A grande dificuldade provém do conhecimento exato da hora do meridiano de origem, no momento da observação. É por isso que os erros de longitude foram inevitáveis, por muito tempo, com consequências graves tanto para a navegação quanto para a cartografia. Foi preciso esperar o século XVII para que o problema fosse resolvido, primeiro pelos relógios de pêndulo, depois pelos cronômetros, que conservam corretamente a hora de origem. Hoje, se utiliza a emissão regular de sinais horários por rádio.

Quando se pretende que essas medidas sejam rigorosas, elas são demoradas e delicadas. Seria cansativo e dispendioso se fosse preciso utilizá-las para determinar todos os pontos necessários ao levantamento de um mapa. Também só são aplicadas para um pequeno número de estações bem escolhidas: observatórios astronômicos, referências de navegação (faróis, balizas), pontos importantes como cumes, monumentos etc. Os outros são localizados em relação aos pontos calculados. Em navegação, os levantamentos que eram feitos junto às costas, visualmente ou com arco de alinhamento, agora se fazem, em todas as distâncias, por radiogoniometria ou pela recepção de sinais de satélites. Em terra, a concordância com os pontos fundamentais é obtida pelas operações da geodésia.

A medida da Terra e as projeções

1. Geodésia – A *geodésia* é a ciência que tem por objeto a determinação da forma e das dimensões da Terra. A geodésia geral, ou científica, visa estabelecer as características geométricas do globo; a geodésia regional, ou prática, permite cobrir um território com uma rede de pontos materiais exatamente conhecidos em posição e em altitude.[3]

---
3. M. Dupuy e H. M. Dufour, *La geodésie*, Paris, PUF, col. "Que sais·je?", 1969.

Bem antes do surgimento da palavra geodésia, que data da metade do século XVII, os sábios procuraram conhecer as dimensões da Terra, considerada como uma esfera. No século III a.c., Eratóstenes efetuou a primeira medição científica da circunferência da Terra, calculando a diferença de latitude entre Syene[4] e Alexandria. Os erros compensados de suas observações levaram-no a uma exatidão surpreendente: cerca de 46 000 km para um valor real de 40 000 km. Infelizmente esse resultado foi logo esquecido e os sucessores de Eratóstenes adotaram um valor nitidamente inferior (28 400 km), o que causou consequências inesperadas para as viagens de exploração do século XV.

Durante toda a Antiguidade e a Idade Média, os agrimensores aplicaram as teorias da geometria do triângulo e efetuaram levantamentos com miras angulares sucessivas a partir de uma base cuidadosamente medida. Ao mesmo tempo, aperfeiçoaram pouco a pouco os instrumentos de observação, todos mais ou menos derivados do astrolábio. Graças à bússola de mira e ao círculo azimutal, sua competência estendeu-se progressivamente às medidas de intersecção a grande distância. Os agrimensores, empiricamente, assim inventaram a triangulação.

A *triangulação* tem como objetivo fixar, sobre a superfície a ser cartografada, a posição relativa em distância e em direção de pontos fundamentais ou "pontos geodésicos", sobre os quais se apoiará a rede de quadrículas do mapa. Consiste em cobrir a superfície estudada com uma rede de referências dispostas segundo os vértices de triângulos cujo conjunto constitui uma "cadeia de triangulação" baseada numa orientação geral conveniente (fig. 6).

As primeiras determinações geodésicas por triangulação datam do fim do século XVI e começo do XVII: devem-se a Tycho-Brahé, na Dinamarca, depois a Willebrord Snellius, nos Países Baixos, que realizou, por esse meio, a primeira medida científica moderna de um arco de meridiano. Os trabalhos de Snellius interessaram sobremaneira à Academia de Ciências de Paris, fundada em 1666. Esta confiou a um dos seus membros,

---

4. Atual cidade de Assuan. (N.T.)

FIG. 6 – A GEODÉSIA E A TRIANGULAÇÃO

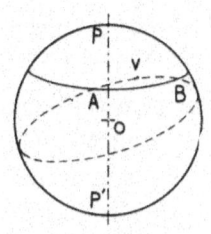

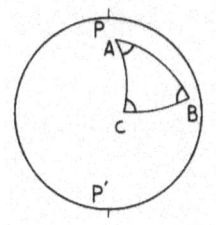

Sobre a terra esférica, o caminho mais curto de A a B não é o paralelo, mas o arco de grande círculo AVB: ele é chamado de geodésica. O ponto de latitude máximo, V, é o vértice.

A partir dos pontos A e B conhecidos, definir-se-á o ponto C, quando se tiver determinado o triângulo esférico ABC. A geodésia intervém aí medindo apenas os ângulos em A, B, C, das tangentes às geodésicas. O teorema de Legendre permite transpor o triângulo para um plano e calcular os lados.

BASE

Ordem de grandeza alguns quilômetros

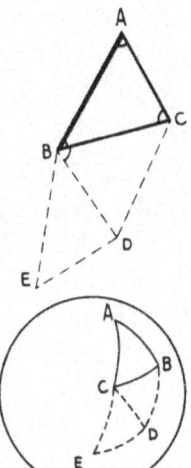

O primeiro lado AB é medido em grandeza e em direção (é a base); articulam-se nele os lados AC, BC que, por sua vez, suportam outros triângulos tais como BCD; passa-se a BDE etc. O cálculo permite levar em conta o achatamento, adotando um elipsoide de referência.

Os novos aparelhos (geodímetros, telurômetros) fornecem o comprimento dos lados AB em várias dezenas de quilômetros.

A França é recoberta por uma rede hierarquizada de triângulos, cuja armação é dada por longitudinais e transversais de primeira ordem.

o abade Picard, e a seus colaboradores Philippe La Hire e Jean-Dominique Cassini, a triangulação de um arco de meridiano na França. A medida, efetuada entre Paris e Amiens, forneceu em toesas,[5] para a circunferência terrestre, o equivalente a 39 933 km, na hipótese de uma Terra esférica.

Mas a dúvida começava a pairar sobre a esfericidade da Terra, noção admitida por Tales de Mileto, desde o século VI a.C. A teoria de Newton deixava entrever uma Terra achatada nos polos. A verificação dessa hipótese desde então ganhou espaço nas preocupações cartográficas e a definição da forma da Terra torna-se um tema maior da geodésia. As missões francesas de Maupertuis e Clairaut, na Lapônia (1736-1737), e de Bouguer e La Condamine, no Peru (1735-1743), trouxeram a prova esperada: a Terra é um elipsoide de revolução com um pequeno eixo polar e grande eixo equatorial.

Para medir a Terra e precisar sua forma, a geodésia moderna dispõe simultaneamente de quatro ordens de dados:

– *Dados astronômicos*: latitude e longitude dos pontos fundamentais; determinação da vertical que permite apreciar em um lugar o "desvio" ou afastamento entre a vertical real e a vertical calculada sobre o elipsoide teórico; avaliação da orientação exata ou "azimute geodésico" do meridiano de uma estação.

– *Dados geométricos*: tirados de medições efetuadas diretamente sobre a própria Terra: triangulação no teodolito; nivelamento com o teodolito ou com nível de luneta horizontal; esse nivelamento permite estabelecer a altitude dos lugares acima de uma superfície de referência, que é o nível médio dos mares, com o auxílio de visadas sucessivas, sobre pontos aproximados de 50 a 60 m; medidas de distâncias na trena ou pela observação do desvio de fase entre a ida e a volta de um raio luminoso (geodímetro), de uma onda decimétrica (telurômetro) ou de um *laser*.

---

5. A toesa é uma antiga medida de seis pés, equivalente a 1,98 m. (N.T.)

- *Dados geofísicos*: acumulados desde o século XVIII, essencialmente das medidas gravimétricas da intensidade *g* da gravidade.[6]

- *Dados de geodésia aérea ou espacial*: nivelamento pelo registro do eco de um radar aerotransportado; visadas sobre ou a partir de satélites especializados, ditos "satélites agrimensores"; a precisão dessas visadas permite multiplicar as determinações de estações e efetuar os ajustamentos necessários sobre mares e oceanos.

A integração completa desses dados mostra que, na realidade, a Terra é um sólido que não se parece com nenhum outro e que, por essa razão, é chamado *geoide*. Na prática, o geoide assemelha-se a um elipsoide de revolução girando em volta de seu eixo menor. As características desse elipsoide foram sendo determinadas com o progresso dos conhecimentos. Vários modelos foram propostos no decorrer dos séculos XIX e XX. O *elipsoide de referência* a que estão relacionadas todas as medidas que servem de base às construções cartográficas é atualmente o da União Astronômica Internacional, homologado em 1967 pela Associação Internacional de Geodésia, e cujas dimensões são:

semieixo maior	= R	=	6 378 160 m
semieixo menor	= r	=	6 356 770 m
achatamento	= $\frac{R-r}{R}$	=	$\frac{1}{298,25}$

2. Projeções – A superfície da Terra é uma superfície curva expressa pelo elipsoide de referência. É relativamente fácil transformar o elipsoide em uma esfera com a mesma superfície: constrói-se, então, um "globo

---

6. J. Goguel, *La gravimetrie*, Paris, PUF, col. "Que sais-je?", 1972.

terrestre". Mas, para passar do elipsoide a um "mapa" desenhado sobre um plano, é necessário estabelecer entre os pontos do elipsoide e os do plano uma correspondência tal que:

$$x = f(\varphi, \lambda) \qquad y = g(\varphi, \lambda)$$
$$\lambda = h(x, y) \qquad \varphi = k(x, y)$$

onde x e y são as coordenadas do plano, é a latitude, λ a longitude, f, g, h, k funções contínuas quaisquer. Existe, portanto, uma infinidade de soluções para o problema das projeções. Os matemáticos não deixaram de encontrá-las e se conhecem mais de duzentas delas. Algumas são construções geométricas perspectivas a partir de um ponto de vista convenientemente escolhido; as outras são obtidas por um cálculo que estabelece uma relação analítica entre o elipsoide (ou uma esfera intermediária) e a superfície de projeção.

Nem todas essas projeções têm o mesmo interesse e não há mais que umas trinta delas que sejam correntemente empregadas.[7] Elas servem para construir as quadrículas, nas malhas das quais são localizados todos os pontos a representar. Não sendo o elipsoide ou a esfera uma superfície que se possa desenvolver, é impossível transferir essa superfície para um plano sem desfigurá-la ou alterá-la. As alterações são excludentes entre si e o cartógrafo deve escolher, entre uma possível conservação dos ângulos, uma proporcionalidade das superfícies, ou um compromisso que, ainda que não preserve nem uma nem outra, aproxime-se um pouco mais da realidade.

– As *projeções semelhantes* são as que respeitam a relação das formas entre as figuras da superfície de projeção e as da esfera. Para isso é preciso que meridianos e paralelos se cruzem perpendicularmente sobre o plano, como o fazem na esfera. As malhas da quadrícula esférica são assim transcritas por um sistema

---

7. F. Reignier, *Les sistèmes de projection e leurs applications*, Paris, IGN, 1957.

de retângulos ou de trapézios curvilíneos. A relação dos comprimentos, além disso, deve ser constante em cada ponto, em todas as direções, o que implica a sua constante variação de um ponto a outro e, portanto, a não conservação das superfícies.

- As *projeções equivalentes*, ao contrário, conservam as relações de superfícies. Cada uma das malhas da quadrícula equivale, na escala, à malha correspondente da esfera. Mas a escala dos comprimentos varia ao redor de um ponto em todas as direções e as figuras esféricas, consequentemente, são deformadas.

- Nenhuma projeção pode ser, ao mesmo tempo, semelhante e equivalente. As projeções que não são nem semelhantes nem equivalentes são chamadas *projeções afiláticas* ou indeterminadas.

A superfície sobre a qual se faz a projeção pode ser um plano ou uma superfície que se desenvolve desenrolada no plano. A posição dessa superfície com relação à esfera deve ser escolhida de maneira tal que as deformações sejam mínimas para a região considerada. Quando a superfície de projeção está centrada no polo ou é paralela ao plano equatorial, diz-se que a projeção

FIG. 7 – DIVERSOS ASPECTOS DE UM MESMO SISTEMA
(VARIEDADES MAIS EMPREGADAS. S = SUPERFÍCIE DE PROJEÇÃO)

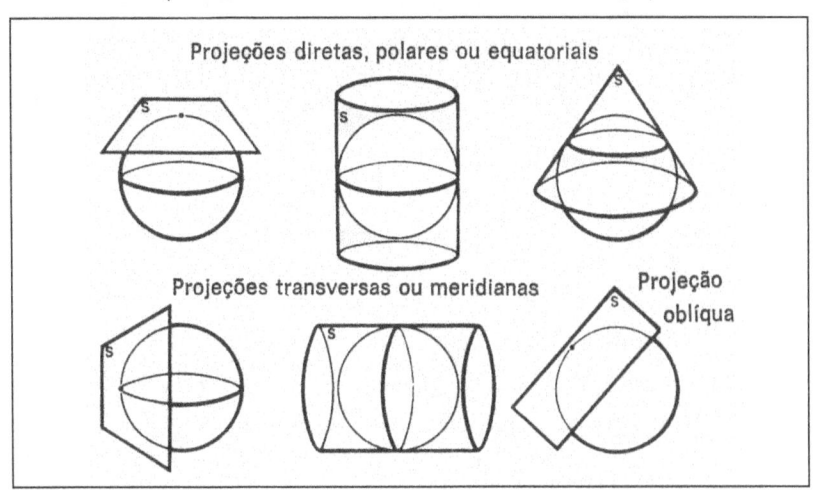

é *polar*, ou *equatorial*, ou *direta*. Se ela está centrada num ponto do Equador ou é paralela a um plano meridiano, ela é *transversa* ou *meridiana*. Se está centrada num ponto ou círculo qualquer da esfera, ela é *oblíqua* (fig. 7).

Os principais sistemas de projeção são os seguintes:

- As *projeções azimutais*, ou *zenitais*, num plano tangente ou secante em relação à esfera. A construção se organiza em volta de um ponto central chamado "centro de projeção". Os azimutes são exatos e a escala é constante para todas as direções que passam por esse centro; todo grande círculo que passa por esse centro é representado por uma reta. As mais utilizadas são (fig. 8):

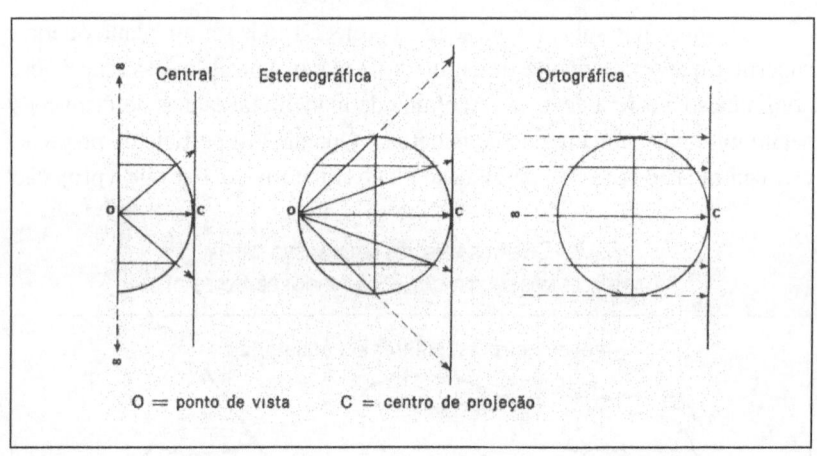

FIG. 8 – PROJEÇÕES PERSPECTIVAS AZIMUTAIS OU ZENITAIS

O = ponto de vista   C = centro de projeção

- A *projeção central*, ou *gnomônica*, a partir de um ponto de vista situado no centro da Terra. Ela é afilática. Todo grande círculo (ortodromia) projeta-se segundo uma reta, daí o seu interesse para a navegação.

- A *projeção estereográfica*, conhecida desde a Antiguidade (Hiparco), a partir de um ponto de vista nos antípodas do ponto central, o que permite teoricamente representar todo um hemisfério. É uma projeção semelhante, muito utilizada para a cartografia das regiões polares e para a construção de mapas-múndi.

- A *projeção ortográfica*, cujo ponto de vista está no infinito. Tão antiga quanto a precedente, ela é afilática e seu campo cobre igualmente um hemisfério inteiro. Mas as deformações marginais são muito sensíveis e ela é mais usada para a cartografia do Sol ou dos planetas do que para a realização de mapas-múndi.

- A *projeção azimutal equivalente* de Lambert (século XVIII) é calculada de tal modo que as superfícies das malhas da rede satisfaçam as condições de equivalência. É empregada sobretudo para as regiões polares. A *projeção azimutal equidistante* de Guillaume Postel (século XVI) conserva direções e distâncias a partir do centro de projeção. Serve à navegação nas regiões polares ou à representação de países ou continentes de uma certa extensão.

- As *projeções cilíndricas* (fig. 9) podem ser consideradas como um aperfeiçoamento analítico dos "mapas planos" em coordenadas retangulares (Dicearco, Eratóstenes, Hiparco) ou dos portulanos.

- A *projeção cilíndrica perspectiva*, ou *central*, é o desenvolvimento num plano de uma perspectiva construída num cilindro tangente a partir do centro da esfera. Afilática, ela não oferece nenhum interesse prático.

- Foi o cartógrafo flamengo Gerard Mercator quem, em 1569, concebeu a quadrícula que leva seu nome. A *projeção de Mercator* inscreve-se num retângulo, com meridianos e paralelos retilíneos e ortogonais. O Equador é representado na escala na verdadeira grandeza e o exagero da extensão das paralelas em latitude é compensado por um exagero proporcional das distâncias meridianas, segundo uma função chamada "variável de Mercator" ou "das latitudes crescentes".

A projeção é semelhante, mas a escala é variável segundo a latitude, e as regiões polares acima de 75° não podem ser representadas. Nesse nível, o exagero dos comprimentos em relação ao Equador já é de 4 vezes, o que representa uma dilatação das superfícies de 16 vezes. Por outro lado, as formas geométricas são respeitadas e sobretudo as loxodromias, isto é, as rotas a seguir com compasso, são retas. A projeção de Mercator é usada para mapas marítimos e de regiões intertropicais onde as deformações são mínimas.

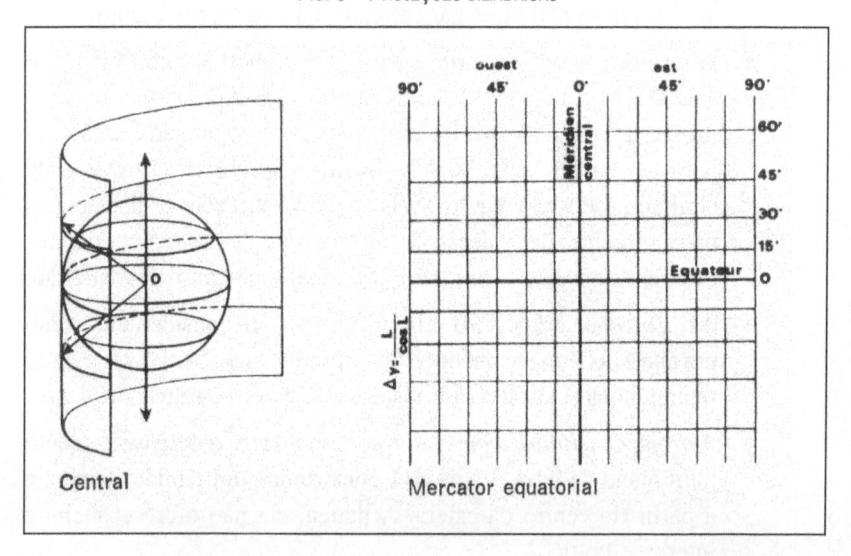

FIG. 9 – PROJEÇÕES CILÍNDRICAS

- Uma variante, conhecida desde o século XVIII, é a *projeção de Mercator* transversa, num cilindro tangente ao longo de um meridiano. Um aperfeiçoamento consiste em projetar o elipsoide numa esfera que, por sua vez, é projetada no cilindro: é o sistema MTU = Mercator Transverso Universal (ou UTM = *Universal Transverse Mercator*) que, adotado em inúmeros países, serve para a redação dos mapas de grande ou de média escala, entre os paralelos 80° N e S.

- As *projeções cônicas* (fig. 10) são igualmente conhecidas desde a Antiguidade (Hiparco, Ptolomeu), mas foram aperfeiçoadas e se impuseram sobretudo a partir do século XVIII.

FIG. 10 – PROJEÇÕES CÔNICAS

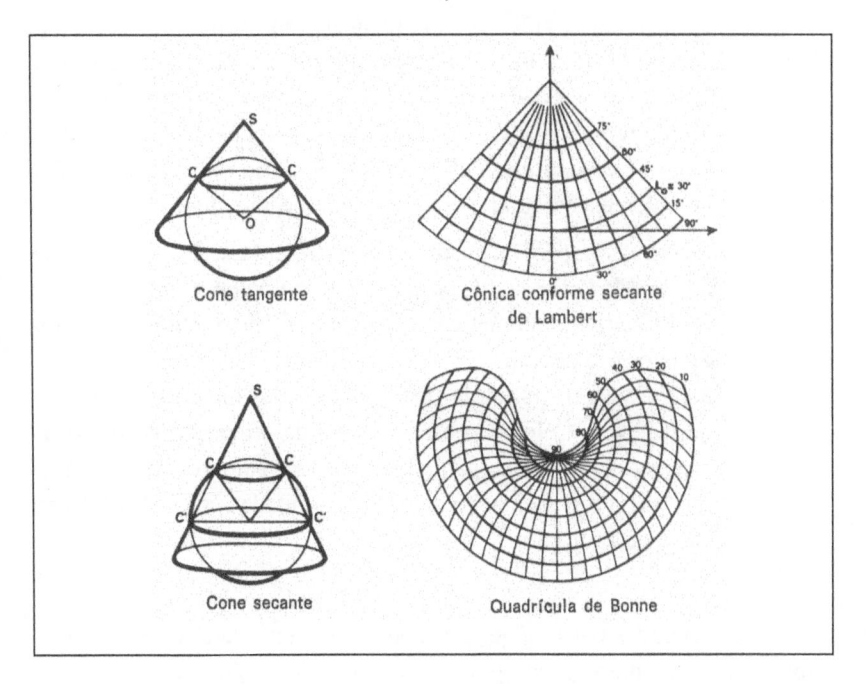

Cone tangente

Cônica conforme secante de Lambert

Cone secante

Quadrícula de Bonne

- A *projeção cônica perspectiva,* ou *central,* é uma projeção afilática construída num cone tangente ou secante a partir do centro da esfera. Os meridianos são retas concorrentes em direção ao polo, e os paralelos são arcos de círculo concêntricos. Conforme o cone seja tangente ou secante, existem uma ou duas paralelas desenvolvidas em verdadeira grandeza na escala. Na projeção cônica simples, vulgarizada por Ptolomeu, a equidistância é conservada ao longo dos meridianos, mas sua convergência para além do polo exclui a representação das altas latitudes.

- A *projeção cônica semelhante* de Lambert (século XVIII) é uma quadrícula analítica bem adaptada às médias latitudes. Os meridianos retilíneos e os paralelos curvos cortam-se de maneira a assegurar a semelhança. A alteração dos comprimentos aumenta rapidamente quando nos distanciamos do paralelo de contato; é por isso que se prefere, para os mapas de grande escala, utilizar um cone secante (por exemplo, sobre o 33° e o 45° paralelos) ou recortar a região a cartografar em zonas troncônicas compreendidas entre dois paralelos extremos, fazendo-se corresponder a cada uma delas um cone tangente ao paralelo médio *(projeção policônica)*. Deve-se também a Lambert uma *projeção cônica equivalente*, intermediária entre as projeções equivalentes azimutal e cilíndrica, do mesmo autor.

- Quanto à *projeção* (ou quadrícula) *equivalente de Bonne,* ela deriva da projeção "em manta" proposta por Ptolomeu, aperfeiçoada no século XVI e matematicamente definida no século XVIII. Os paralelos são círculos concêntricos equidistantes e os meridianos são curvas transcendentes construídas para assegurar a equivalência. Célebre sobretudo por sua utilização no mapa da França, de 1:80 000, chamado de estado-maior, ela não permite mais que a representação de regiões limitadas às vizinhanças do centro de projeção.

Nenhuma das construções precedentes permite tratar a Terra inteira num mapa sem interrupção (planisfério), com exceção da projeção de Mercator, com as falhas apontadas. Voltaremos a esse problema a propósito dos mapas de conjunto (Capítulo 5). É raro que o cartógrafo moderno empreenda ele próprio a construção de uma quadrícula de projeção. A maioria das quadrículas usuais é descrita em tabelas encontradas em obras especializadas e atualmente informatizadas. Ao contrário, o cartógrafo deve saber que nenhuma comparação, medida ou superposição, e nenhuma articulação é possível entre mapas estabelecidos em sistemas de projeções diferentes. Ele também deve saber como fazer a melhor escolha entre todos os sistemas disponíveis.

Essa escolha será orientada pelo objeto do mapa e por sua escala. Numa escala muito grande, os inconvenientes das alterações são poucos, ao passo que são consideráveis em escala reduzida. Se o mapa deve permitir avaliar superfícies, procurar-se-á uma projeção equivalente, mesmo que as deformações marginais às vezes sejam um defeito superior às vantagens. Se se trata de medir ângulos ou comparar formas, recorrer-se-á a uma projeção semelhante: por exemplo, em navegação, uma loxodromia (rota que corta os meridianos de um ângulo constante) é fácil de traçar em projeção de Mercator; uma ortodromia (arco de grande círculo), em projeção gnomônica. Da mesma forma, o estudo de regiões polares ou de regiões equatoriais não requer os mesmos documentos; a configuração dos países a cartografar, seu alongamento em latitude ou longitude, sua posição sobre o elipsoide devem ser igualmente considerados. Também a estética, principalmente em matéria de publicidade, não deve ser negligenciada.

Mapas de base continentais e marítimos

1. Mapas topográficos – Os mapas topográficos têm por objetivo a "representação exata e detalhada da superfície terrestre no que se refere à posição, à forma, às dimensões e à identificação dos acidentes do terreno, assim como dos objetos concretos que aí se encontram permanentemente" (definição dada pelo Comitê Francês de Cartografia). Deve-se poder encontrar neles todos os elementos visíveis da paisagem e aí efetuar medidas precisas de ângulos, direções, distâncias, desníveis e superfícies. Como a precisão diminui com a escala, são considerados mapas topográficos apenas os que se situam entre 1:10 000 e 1:100 000.

Para corresponder a essas condições, o levantamento topográfico é sempre efetuado na maior escala possível. Os *mapas de base* são os que resultam diretamente desses levantamentos, efetuados no campo ou em fotografias aéreas transferidas para uma quadrícula geodésica e para um sistema de projeção judiciosamente escolhido. Sua qualidade depende essencialmente desses trabalhos e da nitidez da minuta original. Assim, chama-se *mapa regular* a um mapa levantado de tal maneira que os erros operacionais são sempre inferiores ao erro gráfico possível no momento do desenho. Como esse erro gráfico é estimado em 0,2 mm, o erro operacional para um mapa de 1:20 000, por exemplo, não deverá ultrapassar 4 m. Existe, então, uma correspondência suficiente entre as posições representadas no mapa e as posições reais no espaço. Na prática, um mapa regular não pode ser estabelecido numa escala inferior a 1:100 000. Os mapas que se desviam dessas normas são "mapas expeditos".

Os mais antigos mapas topográficos datam do século XVII. Na França, Colbert teve a ideia de esboçar uma cartografia completa do reino, apoiado na triangulação de Picard: apenas nove folhas apareceram em 1678. Mas somente na segunda metade do século XVIII é que foi realizado o primeiro "grande mapa geométrico da França", de escala 1:86 400, o chamado mapa de Cassini. Apesar de inúmeras falhas, esse mapa, bastante precioso, marca o nascimento dos mapas topográficos nacionais.

Napoleão, por razões militares evidentes, interessou-se muito pela cartografia... da Europa. Entretanto, foi apenas em 1817 que uma comissão estimulada por Laplace preconizou o estabelecimento de um mapa geral da França, de 1:50 000, a partir de levantamentos de 1:10 000. As contingências de tempo e de finanças fizeram com que se adotasse definitivamente a escala de 1:80 000, sobre levantamentos de 1:40 000. Esse mapa, gravado em cobre, com representação do relevo em hachuras, é conhecido pelo nome de mapa do estado-maior. Os levantamentos, executados sobre a prancheta, no campo, pelos engenheiros geógrafos do exército, só foram terminados em 1870. As últimas folhas apareceram em 1880 e algumas permaneceram em uso até 1952. A geodésia, partindo do meridiano medido por Delambre e Méchain, em 1792-1799, para a definição do metro, precisou de uma nova triangulação, que só foi concluída em 1863. A projeção adotada era a projeção equivalente de Bonne, preciosa para as necessidades administrativas. Numerosas cotas de altitude substituíam as curvas de nível, apagadas depois de terem servido ao desenho das hachuras. O mapa do estado-maior constitui, para a época, um trabalho notável. Ele foi o modelo de vários outros mapas, como o de 1:100 000 da Suíça, o de 1:100 000 do Império Alemão ou o de 1:63 360 (uma polegada por milha) das Ilhas Britânicas.

Quaisquer que sejam suas qualidades (mas também seus defeitos), o mapa do estado-maior tornou-se insuficiente desde o seu término. Pensou-se primeiro em melhorá-lo, aumentando-o fotograficamente para 1:50 000 e introduzindo cor. Mas, antes mesmo que se começassem as experiências, o projeto de um novo mapa original, de 1:50 000 e em projeção semelhante de Lambert, revelou-se preferível. Seu tipo variou muitas vezes. O tipo 1 900 não comportava menos de 8 a 12 cores, publicação luxuosa, mas ruinosa. O tipo 1 922 aproveitou a experiência dos planos diretores estabelecidos durante a guerra: não comportava mais que quatro cores. Sua edição em 1: 20 000 tornou-o o mapa de base da França e sua generalização, em 1:50 000, seu primeiro derivado. Enfim, para se adequar à padronização cartográfica da Otan, decidiu-se, em 1964, passar de 1:20 000 para 1:25 000 "para todos os usos". A execução desse novo trabalho foi feita progressivamente: chegou ao tipo 1 972, em uso atualmente.

Ainda que os mapas antigos fossem monocromáticos, o emprego da cor banalizou-se nos mapas topográficos modernos. Ele facilita a seleção e a percepção dos detalhes, mesmo com um número reduzido, que varia de 4 ou 6 a 10 cores, no máximo. Sua escolha depende de algumas convenções revestidas de uma certa preocupação estética. As mais frequentemente usadas são o azul, para a hidrografia; o sépia, para o relevo; o verde, para a vegetação; o preto, para a planimetria; o cinza, para o sombreamento, e algumas vezes o vermelho ou o amarelo para as estradas e regiões urbanizadas. Além da diferenciação das cores, a grande inovação dos mapas do século XX está na representação do revelo. As curvas de nível apoiam-se num nivelamento de precisão; elas exprimem perfeitamente o valor geométrico das encostas e o valor volumétrico das massas. Para tornar a leitura mais expressiva e a imagem de conjunto mais plástica, acrescenta-se o sombreamento. O exemplo da cartografia topográfica na França vale praticamente para a maioria dos países desenvolvidos. Ela compreende, normalmente, os seguintes elementos:

- as diferentes referências geodésicas e as coordenadas. Às vezes acrescenta-se a elas, para facilitar as medidas, uma quadrícula quilométrica como a quadrícula Lambert, nos mapas franceses, ou a quadrícula UTM;
- a hidrografia: rede hidrográfica, lagos, traçado da costa, mar etc.;
- a representação do terreno em curvas de nível, com mais alguns símbolos significativos de formas características do modelado;
- os detalhes planimétricos concernentes à infraestrutura: vias de comunicação, cercas e limites, edificações e construções diversas;
- elementos relativos à cobertura vegetal: florestas, matas, pomares, vinhedos etc.;

– uma nomenclatura toponímica detalhada e uma "apresentação": quadro, título, legenda, escala...

A complexidade dos trabalhos de campo (geodésia, topografia), de laboratório (fotogrametria, fotointerpretação) e de gabinete (desenho, fotogravura, impressão) que entram na composição de um mapa topográfico explica por que a cartografia se tornou uma especialidade. Além disso, as incessantes transformações da paisagem terrestre e a utilização administrativa, técnica e econômica que é feita desses mapas exigem uma constante atualização. A "manutenção" de um mapa topográfico diz respeito ao conjunto das operações destinadas a trazer para o mapa os detalhes novos que surgirem, conservando a qualidade e a homogeneidade do fundo original. Tudo isso coloca a necessidade de um pessoal numeroso e qualificado, material adequado e muitos recursos. Durante muito tempo (e ainda em vários países reservados aos militares), esses trabalhos geralmente são confiados a poderosas empresas estatais: assim, na França, o Instituto Geográfico Nacional (IGN) sucedeu, em 1940, ao Serviço Geográfico do Exército, o qual, por sua vez, sucedera ao Arquivo de Guerra, em 1887. Ao lado desses gigantes, existem também sociedades privadas de topografia e fototopografia que executam trabalhos habitualmente referentes a superfícies reduzidas e objetivos limitados.

2. *Mapas marítimos* – Diferentemente dos mapas aeronáuticos, que são estabelecidos a partir de mapas existentes, derivados e mais ou menos simplificados, ou sobre uma rede em projeção semelhante, os mapas marítimos são um caso especial de mapas de base. De fato, são o resultado de levantamentos diretos efetuados em fundos de mar, com o objetivo essencial de servir à navegação.

Os primeiros mapas marítimos foram essencialmente "roteiros" destinados a traçar itinerários (exemplo: os portulanos) ou ilustrações de relatórios de mar redigidos pelos navegadores. Na França, foi somente no século XVII e sempre sob o impulso de Colbert que nasceu a "hidrografia", disciplina ao mesmo tempo científica e técnica que visava à representação dos fundos na proximidade das costas. Mas foi a partir de 1800, com a instituição do corpo de "engenheiros hidrográficos da Marinha" e sob a direção do engenheiro Beautemps-Beaupré, que foram empreendidos os primeiros levantamentos sistemáticos das costas da França, dos quais alguns ainda estão em uso. Desde 1886, a revisão e a continuidade desses levantamentos são confiadas ao Serviço Hidrográfico e Oceanográfico da Marinha (SHOM). Existem serviços análogos no exterior, nos grandes países marítimos.

Até os primeiros anos do século XX, a execução dos mapas marítimos não mudou muito. A evolução apenas se manifestou em função dos progressos da referência no mar, das medições dos fundos e dos procedimentos gráficos. Ao mesmo tempo, como instrumentos de navegação, o mapa adaptou-se a novos dados: aumento das tonelagens; dos calados e das velocidades, surgimento da navegação submarina e da navegação de recreio. Os mapas foram sendo diversificados, especializados e simplificados, ao mesmo tempo, sempre conservando seu valor documental e melhorando sua rede geodésica. De acordo com seu modo de utilização, podem-se distinguir as seguintes categorias entre eles:

- os planos de grande escala (1:1 000 a 1:10 000), referentes aos acessos aos portos e ancoradouros;

- os mapas de pilotagem costeira ou de longo curso (1:10 000 a 1:100 000), representando os fundos próximos à costa;

- os mapas de cabotagem (1:100 000 a 1:300 000), ou de navegação costeira;

- os mapas de aterrissagem (1:300 000 a 1:500 000), para os contatos com o continente;

- os roteiros (1:500 000 a 1:1 000 000), para a navegação de longo curso;

- os mapas oceânicos e os planisférios de pequena escala, mapas de compilação retirados de todos os dados disponíveis;

- os mapas especiais, tais como mapas da declinação, dos ventos, correntes, faróis e balizas, pesca etc.

No que se refere às águas francesas, os mapas marítimos modernos (tipo 1972) apresentam-se em quatro cores:

- o preto, reservado à "apresentação", à geodésia, à hidrografia (sondas, curvas batimétricas, perigos), à toponímia e à sinalização (faróis, boias, sinais náuticos, alinhamentos);
- o magenta (vermelho), para destacar o balizamento ativo (luzes, radiofaróis) e a regulamentação (proibições, recomendações, rotas impostas);
- o sépia (castanho-escuro), para a parte terrestre (planimetria, topografia), aliás reduzida aos elementos característicos da costa e da região costeira que facilitam a identificação dos sinais náuticos;
- o azul, para acentuar a percepção dos fundos de menos de 10 m, e para a hidrografia terrestre.

Esse novo estilo de mapa marca uma espécie de reviravolta na apresentação dos documentos náuticos. Mas a modernização é prudente e se faz muito lenta já que se proíbe qualquer modificação de um mapa existente na ausência de dados novos. A coexistência de mapas marítimos de estilos diferentes corre o risco de se prolongar por muito tempo ainda.

Mapas derivados e mapas de compilação

Por definição, os mapas derivados são retirados diretamente dos mapas de base. Excluindo o primeiro mapa da França de 1:50 000, que era apenas um aumento fotográfico do de 1:80 000, eles são obtidos pela redução da escala e pela generalização dos traçados e representações. A relação de redução é, no mais das vezes, de 1/2. Do primeiro mapa derivado podem-se retirar, em seguida, mapas derivados secundários. Assim, o mapa da França de 1:25 000 dá origem ao mapa de 1:50 000, de onde são retirados sucessivamente os mapas de 1:100 000 e de 1:250 000.

A redação de uma folha de mapa derivado só pode ser empreendida, portanto, normalmente após o término dos recortes correspondentes ao mapa de base. Isso acarreta sempre um certo atraso que frequentemente necessita de uma atualização. Mas o maior problema cartográfico dos mapas derivados está no êxito da generalização. Mesmo com a ajuda da técnica fotográfica e da informática, a escolha só pode ser feita por uma intervenção humana refletida. Em princípio, não se toca na hidrografia, que constitui uma referência essencial. Eliminam-se apenas os cursos d'água mais curtos e acentuam-se os caracteres dignos de nota úteis para o posicionamento de outros objetos: meandros, confluências etc. (fig. 4). Em seguida, a planimetria é localizada em função do novo desenho. Enfim, ajusta-se ao conjunto a prancha orográfica, adaptando a equidistância à escala, mas mantendo a posição dos acidentes significativos (cornijas, escarpas, patamares) assim como pontos característicos (referências geodésicas, cumes, colos, passagens etc.). Seja como for, e apesar de todo o cuidado aplicado a essas operações, elas acumulam as causas dos erros de maneira que a precisão dos mapas derivados se altera rapidamente quando a escala diminui.

Além de 1:250 000, não basta mais generalizar, é preciso esquematizar. Chega-se assim à concepção de outros mapas que descrevem não mais lugares, mas regiões: são os *mapas corográficos*. Tal como o mapa da França, de 1:500 000 em curvas de nível, que tem como qualidade essencial uma grande legibilidade. A escala de 1:1 000 000 é, sem dúvida, mais representativa ainda desse tipo de mapa. Ela foi mantida para o Mapa Internacional do Mundo e é adotada em numerosos atlas. A supressão da maioria dos detalhes exige uma grande prudência na escolha do que se pretende conservar. O objetivo é não dar uma ideia inexata demais da paisagem geográfica. Não é mais possível, em razão das desigualdades do relevo, entre outras coisas, respeitar uma equidistância entre as curvas de nível: seria preciso aumentá-la nas montanhas e diminuí-la nas planícies. A solução consiste em reter apenas curvas significativas, se preciso, desiguais (por exemplo: 100, 150, 200, 500, 750, 1 000, 2 500, 3 000, 4 000 m): obtém-se, assim, o que se denomina "mapas hipsométricos". Para torná-los mais legíveis, podem-se-lhes acrescentar cores que individualizem as diferentes faixas de altitude (verde ou amarelo para as planícies baixas e as colinas, sépia cada vez mais escuro nas montanhas, branco acima de 4 000 m). Da mesma forma, somos levados a substituir os detalhes planimétricos por sinais convencionais. É o caso principalmente das aglomerações que acabam sendo representadas por simples círculos.

Quando um mapa engloba não mais somente um país, mas um continente ou mesmo o mundo inteiro, fala-se de *mapa de conjunto*.

Pertencem a esse tipo de mapa notadamente os que se esforçam para representar toda a superfície da Terra num único plano. São os "mapas-múndi", formados por dois hemisférios projetados lado a lado, e os "planisférios", em que o conjunto do globo é desenhado sem interrupção. Para construir os primeiros (aliás, cada vez menos usados), recorre-se às projeções perspectivas esterográficas ou ortográficas, ou à projeção de Guillaume Postel, em variação transversa. Para os planisférios, durante muito tempo utilizou-se quase que exclusivamente a projeção de Mercator. Usam-se agora conjuntamente quadrículas mais complexas, porém menos deformantes:

- a *projeção senoidal* de Sanson, ou de Flamsteed (séculos XVI-XVIII), que conserva a mesma escala em todos os paralelos;
- a *projeção de Mollweide* (século XIX), comumente empregada nos atlas modernos para representar o mundo inteiro em projeção equivalente (fig. 11).

Contudo, seja qual for o sistema adotado, nenhum é nem pode ser satisfatório. Considerou-se melhor sacrificar os mares aos continentes (ou os continentes aos mares, se se quer um planisfério oceanográfico) graças a recortes judiciosamente escolhidos. Assim são as *projeções interrompidas*. A mais típica dessas quadrículas é a de Goode (fig. 11), obtida pela justaposição de fragmentos da projeção de Mollweide. Nas projeções estreladas, o hemisfério norte (ou sul) é representado em projeção polar (por exemplo, de Guillaume Postel) e o outro hemisfério é repartido segundo as pontas de uma estrela divergente, a partir do Equador.

Os mapas de conjunto são uma derivação de uma ordem diferente e mais elevada que a dos mapas topográficos ou corográficos. São *mapas de compilação*. Com efeito, eles procedem de uma documentação variada e muitas vezes heterogênea em escala, em valor geométrico, em qualidade de informação e mesmo em concepção. Seria ilusório esperar deles demasiada precisão. Entretanto, exigem grande trabalho de pesquisa e de crítica das fontes, de verificação e mesmo de complementação. A generalização aí não é facilitada, mas permanece baseada nos mesmos princípios dos mapas

Fig. 11 – Projeções do mundo inteiro

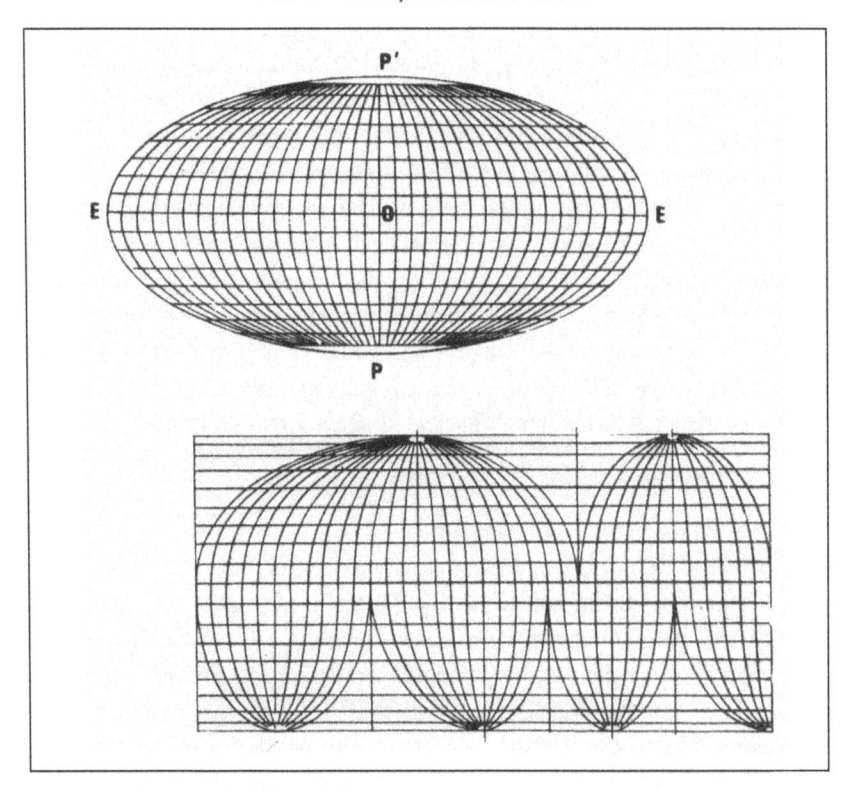

corográficos e procura respeitar a concordância dos lugares com suas coordenadas geográficas. Um bom exemplo desse tipo de mapa é o Mapa do Mundo, de 1:10 000 000, em 12 folhas e cinco cores, publicado pelo IGN em projeção de Mercator, ou o planisfério de uma folha e duas versões (Mundo Físico e Mundo Político), de 1:33 000 000, igualmente editado pelo IGN.

Os *globos terrestres* nada mais são do que um caso particular dos mapas de compilação. Geometricamente, trata-se de uma simples redução do elipsoide. Na verdade, o suporte é uma esfera, porque em escala aceitável o achatamento é insignificante: para um globo de 1:10 000 000, o diâmetro é de 1,28 m e o achatamento de 4,3 mm. Os grandes globos, como os construídos por Coronelli para Luís XIV, com mais de 4,5 m de diâmetro, não são manejáveis. Os globos de escritório têm escalas entre 1:40 000 000 e 1:100 000 000. Sobre uma esfera rígida de madeira, metal ou plástico, juntam-se por colagem ou por decalque folhas impressas recortadas em fusos de 20° a 60°, cujo meridiano central é uma reta e os paralelos retas perpendiculares. Muitos desses globos têm um interesse apenas decorativo ou publicitário; mesmo os que apresentam relevo. Incômodos e pouco precisos, eles subsistem como a melhor visão de conjunto que se pode ter da Terra e das propriedades ligadas à sua rotundidade, como os problemas de circulação planetária. Não é por acaso que sua popularidade corresponde aos períodos em que essas preocupações apaixonaram os homens: séculos XV e XVI, com as grandes viagens marítimas (globo de Martin Behaïm, em 1492), século XIX, com as viagens de exploração e as expedições coloniais, e século XX, com a navegação aérea e os satélites.

Sensoriamento remoto e geomática

Até o término da Primeira Guerra Mundial, o levantamento dos mapas topográficos não variou muito nos seus princípios, em relação ao que fora no século XVII. Apenas os instrumentos de medição se aperfeiçoaram. As operações no solo, na prancheta, planimétricas e altimétricas, permaneceram as mesmas.[8] Elas consistem em marcar rigorosamente um dos pontos importantes da superfície a cartografar em relação à quadrícula obtida pela geodésia e pelo nivelamento. Ainda que de realização delicada, estão essencialmente ligadas às medidas de distâncias, de ângulos e de direção. As mais difíceis são o acompanhamento das curvas de nível e a expressão do modelado. Foi a introdução da fotografia aérea e, depois, da observação por satélites, somada ao uso gradativamente generalizado da informática, que transformou radicalmente os procedimentos de levantamento e de atualização rápidos dos mapas de base e de seus derivados.

1. Sensoriamento remoto – O sensoriamento remoto é o conjunto das técnicas de observação e de registro à distância das características da superfície terrestre.

---

8. P. Merlin, *La topographie*, Paris, PUF, col. "Que sais-je?", 1964.

Consistiu, no início, em fotografia no solo. Em 1862, o oficial de engenharia Laussedat inventou a "metrofotografia", isto é, as medições sobre fotos orientadas. O alemão Stolze aperfeiçoou esse processo, por volta de 1892, acrescentando-lhe a "estereoscopia", exame em três dimensões por fusão binocular de duas fotos vizinhas que se sobrepunham parcialmente. Foi com esse método que os irmãos Vallot realizaram uma notável topografia do maciço do Monte Branco. Mas foi com o avião que a fototopografia adquiriu sua verdadeira aplicação. As fotografias aéreas, a partir das primeiras que foram tiradas num balão por Nadar em 1855, permaneceram como uma curiosidade até que sua utilização militar, durante a guerra de 1914-1918, demonstrou largamente seu interesse prático. Sob o nome de *fotogrametria,* as medições sobre fotos tiradas em avião tornaram-se, a partir de então, a ferramenta indispensável do levantamento topográfico.

A transferência dos dados das fotos aéreas para o mapa não se faz, todavia, sem dificuldades. O seu princípio é a exploração geométrica de pares estereoscópicos de eixo vertical que conduzem ao traçado da planimetria e das curvas de nível. Essas operações compreendem principalmente:

- a "correção" dos clichês, que tem como objetivo reestabelecer a verticalidade do eixo de tomada da foto quando este foi desviado pelos movimentos do avião;

- a "restituição", destinada a corrigir as deformações do feixe perspectivo da fotografia, para transformá-lo em projeção ortogonal sobre um plano;

- a "identificação" dos detalhes observados sobre a imagem que deverão constituir a planimetria;

- a colocação em escala, as medidas de nivelamento, a marcação dos pontos e o seguimento das linhas, chegando ao traçado da épura topográfica final.

Os aparelhos, bastante complexos, incumbidos dessa tarefa são os "restituidores". Existem dois tipos. Os restituidores analógicos são os mais antigos. Eles formam uma imagem plástica tridimensional sobre a qual o operador movimenta um traçador mecanicamente acoplado a uma prancheta justaposta por intermédio de um pantógrafo. Os restituidores analíticos são mais recentes. Eles confiam todas as operações a um computador acoplado que calcula as coordenadas polares dos pontos visados, assim como sua altitude relativa. Os impulsos resultantes são transmitidos eletronicamente a um coordenatógrafo que localiza os pontos sobre a quadrícula e traça as linhas. Com um ou outro tipo, se o traçador é colocado numa altitude z, de cota fixa, pode-se seguir uma curva de nível, retranscrita no plano. Liberamonos assim do lento e cansativo levantamento na prancheta sem, contudo, perder o contato com o campo. Com efeito, a restituição deve ajustar-se a uma rede geodésica que, para ser precisa, deve estar apoiada em medições no solo. Da mesma forma, a fotoidentificação, para evitar erros incômodos, requer várias verificações. Enfim, os detalhes invisíveis nas fotos, tais como limites administrativos ou jurídicos, toponímia, estado das estradas, demografia etc., devem ser objeto de uma complementação por contato direto.

Restrita desde o seu início à revisão dos mapas existentes, a *fototopografia* tornou-se a base da cartografia topográfica moderna. Ela junta, de fato, à manejabilidade e à exaustividade das fontes qualidades de precisão e de desenho iguais, até mesmo superiores, às de procedimentos clássicos. Acrescenta-lhe maior homogeneidade de levantamento, graças à intervenção de um menor número de observadores sobre uma superfície maior. Ela permite, enfim, uma execução mais rápida e, portanto, um rendimento melhor e um melhor custo para a cobertura de regiões extensas.

Conjugada ao progresso das técnicas do desenho (máscaras para gravação e reticulação) da fotogravura (superfícies sensíveis, registros em placas, retículas) e da impressão (*offset*, policromia, rotativas multicores), a fototopografia atingia uma quase perfeição quando, em fins dos anos 50, abriu-se uma nova era para a cartografia. E isso por dois motivos: a utilização dos satélites artificiais para a mensuração e observação da Terra e o uso do computador para o tratamento da massa de informações coletadas e sua transcrição gráfica.

A cartografia espacial é, assim, o mais espetacular desenvolvimento do sensoriamento remoto. As imagens, conseguidas a uma altitude da ordem de 900 km, não são mais recolhidas em filmes sensíveis, nas habituais câmeras fotográficas, mas pelos "radiômetros", ou geradas por "scanners", captores de varredura que registram linha por linha as intensidades de radiação emitida pelos objetos terrestres. Esses aparelhos são embarcados, desde 1972, em satélites especializados *(land satellites)*, cuja segunda geração (Landsat 5, lançado em 1984) compreende dois sistemas de captação: um sistema multiespectral (MSS) de quatro faixas e um sistema TM *(Thematic Mapper)* de seis faixas. A resolução no solo é de 80 m para o primeiro e de 30 m para o segundo. A periodicidade de passagem acima de um mesmo lugar é de 18 dias. Os registros, traduzidos em pontos ou "pixels", cobrem de uma só vez uma zona, ou "cena", de 185 km de extensão. O satélite francês Spot *(Satellite Probatoire d'Observation de la Terre)*, lançado em 21 de fevereiro de 1984, possui acoplados dois telescópios orientáveis que fornecem, de uma mesma cena, imagens verticais e/ou oblíquas a cada 26 dias. Os documentos obtidos são de dois tipos: de um lado, os registros multiespectrais sobre três faixas (dois no visível e um no consecutivo infravermelho), cobrindo duas zonas vizinhas de 60 x 60 km com uma ligeira cobertura, permitindo o exame estereoscópico, e uma resolução de 20 m. Por outro lado, fornecem registros pancromáticos com uma resolução de 10 m.

As "imagens digitais", recebidas sob forma numérica, podem ser decodificadas pelos computadores e projetadas no monitor ou transcritas no papel como fotografias comuns. Elas dão uma visão global, exaustiva e complexa que nem sempre é fácil de ser interpretada. Manipulações ópticas e tratamentos informáticos ajudam a afinar a análise. Várias das aplicações já são operacionais e todos os dias outras novas são desenvolvidas. A interpretação semiautomática dessas imagens leva à execução direta de mapas espaciais de pequena ou média escala (de 1:50 000 a 1:1 000 000) que até aqui só eram obtidos por generalizações sucessivas ou por compilação. Uma outra vantagem apreciável dos registros por satélite é a sua repetição. Uma imagem nova de cada ponto da superfície terrestre é fornecida a intervalos regulares na mesma hora e do mesmo ângulo. Apesar da frequente obstrução das cenas por nuvens, dispõe-se de uma massa de informações periódicas que facilita a atualização dos mapas e permite um acompanhamento permanente da mobilidade da superfície da Terra.

2. *Geomática* – Assim como algumas etapas da cartografia, tanto de detalhe como de conjunto, algumas representações da Terra não escapariam à irrupção da informática. Costuma-se reservar o termo geomática apenas à informática aplicada à construção e à gestão de fichários topográficos e topométricos, excluindo-se dados referentes aos elementos naturais.[9] Eu estaria mais tentado a estendê-la ao conjunto das operações de cartografia computadorizada. Do ponto de vista topográfico, essas operações compreendem:

– As técnicas de aquisição e de gestão dos dados numéricos. Constituição de um banco de dados geográficos localizados, integrando principalmente: as coordenadas geográficas dos pontos geodésicos, as quadrículas de projeção, a altimetria e a planimetria do território, os limites administrativos.

– A numerização desses dados de origem e natureza bastante diferentes: por apreensão manual ou automática nas plantas ou nos mapas existentes, particularmente os mapas de 1:25 000; por apreensão no momento da exploração fotogramétrica das fotografias aéreas ou das "imagens-satélite"; ou ainda pela numerização no campo, com o auxílio de registros eletrônicos das medidas.

– Uma "infografia" topográfica de grande e média escala: traçado automático, eletromecânico ou eletrônico, que praticamente suprime a intervenção humana e, portanto, o erro gráfico no traçado das plantas cadastrais, das plantas de urbanismo e dos mapas de 1:100 000 ou 1:250 000.

– Uma "infografia" específica, utilizando essencialmente elementos de altimetria: mapas de declividade e de orientação das vertentes, mapas de insolação, sombreamento, modelos numéricos de campo (cortes, perspectivas, blocos-diagramas) etc.

---

9. *Vocabulaire de la topographie,* publicado pelo Conselho Internacional da Língua Francesa, Paris, Hachette, 1980.

– Usa-se atualmente a redação automática do mapa de base de 1:25 000, a partir da restituição numérica de clichês aéreos de 1:30 000, e a generalização automática das curvas de nível de 1:100 000, a partir da numerização do 1:25 000.

O instrumento de análise e de tratamento existe na medida da riqueza e da abundância da informação. Em breve, pela teledistribuição, os fichários e os mapas estarão à disposição do usuário em domicílio. Sua gestão só poderá ser confiada, portanto, a grandes organismos científicos ou técnicos como o Centro Nacional de Pesquisa Científica (CNRS), o Instituto Geográfico Nacional (IGN), o Departamento de Pesquisas Geológicas e Minerais (BRGM), o Urbanismo, o Exército, o Instituto Nacional de Estatística e de Estudos Econômicos (INSEE)... e seus similares estrangeiros ou internacionais. Ela permitirá pelo menos avançar mais rapidamente a cobertura cartográfica mundial. Em contrapartida, a maior uniformidade dos meios, dos métodos e dos procedimentos sem dúvida acarretará menos originalidade na confecção dos futuros mapas, porém trará mais homogeneidade. Como em muitos outros casos, uma certa unificação das técnicas sacrificará progressivamente a singularidade dos produtos em benefício, esperamos, de sua eficácia.

3
ANALISAR O ESPAÇO GEOGRÁFICO

O notável desenvolvimento da cartografia topográfica e de seus derivados não pode fazer esquecer que paralelamente outros mapas foram dedicados a aspectos particulares da superfície terrestre que se desejou tratar separadamente. Seu objetivo era essencialmente utilitário: facilitar o exercício de uma atividade ou de uma autoridade ou ainda recensear recursos de uma província ou de um país. Eles se multiplicaram ao longo dos séculos XVIII e XIX. Assim, fizeram-se mapas da declinação magnética para os navegadores, mapas de rotas e de posições militares, mapas das florestas e mapas das águas, mapas das reservas de caças, mapas geológicos, administrativos, políticos, demográficos, agrícolas, industriais etc. Esses mapas especializados são os *mapas temáticos*. Eles ilustram o fato de que não se pode colocar tudo num mesmo mapa e que a solução é, portanto, multiplicá-los, diversificando-os. Eles mostram, ao mesmo tempo, que a cartografia de fenômenos isolados é um maravilhoso instrumento de análise científica ou técnica do espaço geográfico.

O espaço geográfico[1] é o espaço constituído pela superfície terrestre inteira, compreendidos os oceanos e as regiões inabitadas. Além disso, ele

---

1. O. Dollfus, *L'espace géographique*, Paris, PUF, col. "Que sais-je?", 1970.

possui uma certa espessura pois diz respeito, ao mesmo tempo, ao meio sólido (litosfera), ao meio líquido (hidrosfera), ao meio gasoso (atmosfera) e engloba o meio vivo (biosfera). Esse espaço geográfico é concretamente percebido pelos objetos materiais, visíveis e mensuráveis que o compõem: rochas, montanhas, vales, rios, florestas, campos, edificações etc. Mas engloba também uma larga gama de outros conceitos ou de relações invisíveis de ordem física, biológica ou humana. O espaço geográfico é, com efeito, um "sistema" complexo de equilíbrios móveis que, num lugar e num momento dados, são regulados por causas múltiplas, interdependentes e interativas, elas próprias portadoras de consequências para o futuro. Ele integra, assim, não apenas um certo volume, mas ainda uma certa duração sob a forma de heranças e de potencialidades.

É sobre a análise e explicação desses equilíbrios que se baseia a geografia científica e, por consequência, a cartografia temática, que é a sua expressão gráfica. Nisso ela recebe uma grande ajuda dos meios modernos de que o cartógrafo dispõe: sensoriamento remoto, tanto aéreo como por satélite, cálculo eletrônico e cartografia computadorizada. Analisar o espaço geográfico tornou-se, assim, o segundo grande objetivo da cartografia, no decorrer do século XX.

A cartografia temática

O objetivo dos mapas temáticos é fornecer, com o auxílio de símbolos qualitativos e/ou quantitativos dispostos sobre uma base de referência, geralmente extraída dos mapas topográficos ou dos mapas de conjunto, uma representação convencional dos fenômenos localizáveis de qualquer natureza e de suas correlações.

A expressão "cartografia temática" levantou, a seu tempo, uma polêmica bastante vã. Fez-se notar, com propriedade, que todo mapa, qualquer que seja ele, ilustra um tema, que a cartografia topográfica não escapa à regra e que, portanto, é abusivo querer opor ou mesmo distinguir uma cartografia temática de uma outra que não o seja.

Mesmo assim, pode-se deduzir que entre cartografia topográfica e cartografia temática existe um certo número de diferenças significativas.

Por exemplo, o assunto tratado, estritamente descritivo e geométrico no primeiro caso, é analítico e eventualmente explicativo no segundo. Os procedimentos de levantamento, de redação e de difusão dos mapas não são os mesmos; nem a formação nem a qualificação dos cartógrafos deles encarregados; tampouco os meios utilizados para realizá-los. Aliás, há muito tempo, os usuários fizeram a distinção entre os mapas topográficos, ditos "mapas de estado-maior", e os "mapas geográficos", encontrados nos atlas. De fato, estes englobam todos os setores do conhecimento geográfico e mesmo os ultrapassam para tratar de assuntos históricos, políticos, culturais, econômicos, técnicos etc. É por isso que se sentiu necessidade de dar-lhes um nome particular. Seria preciso falar de "cartografia especial" ou "especializada" ou de "cartografia aplicada"? Finalmente, o termo *cartografia temática* popularizou-se e entrou em uso corrente e internacional (*thematische Kartografie, thematic cartography*), para designar todos os mapas que tratam de outro assunto além da simples representação do terreno.

1. Mapas temáticos – Disso se depreende que os mapas temáticos são inumeráveis, pois que eles tocam a tudo aquilo que apresenta algum aspecto de repartição no espaço atual, passado ou futuro. Notemos, em relação a isso, que essa diversidade é um outro caráter original da cartografia temática, em relação à cartografia topográfica. Aliás, é o que torna difícil o estabelecimento de uma classificação racional, que ultrapasse o estágio de um simples catálogo.

O modo de expressão pode, à primeira vista, passar por um critério satisfatório. Poderão assim ser reconhecidos vários tipos de figuras cartográficas (fig. 12):

– Os *mapas* propriamente ditos, construídos sobre uma quadrícula geométrica numa escala dada, segundo as regras de localização (x, y) e de qualificação (z), expostas anteriormente no Capítulo 1.

– Os *cartogramas*, representação descontínua de um fenômeno geográfico quantitativo por representações proporcionais localizadas.

– Os *cartodiagramas*, formados por um conjunto de diagramas posicionados sobre a base.

– As *anamorfoses geográficas*, pelas quais, conservando a continuidade do espaço, deformam-se voluntariamente as superfícies reais para torná-las proporcionais à variável considerada.

Pode-se, também, como para os mapas representativos da Terra, referir-se à classificação por escala:

– Os *mapas detalhados* não podem ter uma escala inferior a 1:100 000; descrevendo superfícies relativamente restritas, eles são muitas vezes publicados em séries que cobrem gradativamente um território determinado (ex.: o mapa geológico da França de 1:50 000).

– Os *mapas regionais* ou *corográficos*, de 1:100 000 a 1:1 000 000, referem-se a unidades geográficas ou administrativas de dimensão média; no mais das vezes, cada um trata de um assunto específico; podem, portanto, ser divulgados separadamente (ex.: o mapa das estradas da França de 1:1 000 000), ou reunidos num atlas (ex.: os atlas regionais franceses).

– Os *mapas sinóticos,* ou *mapas de conjunto*, em escalas inferiores a 1:1 000 000; como os anteriores, são publicados em folhas isoladas (ex.: os planisférios do mundo do IGN, de 1:33 000 000) ou reagrupados em atlas (ex.: os atlas de referência, os atlas temáticos nacionais ou os atlas escolares).

Mas a classificação mais significativa, do ponto de vista metodológico, refere-se ao conteúdo dos mapas. Dessa maneira, distinguem-se:

– Os *mapas analíticos*, ou *mapas de referência*, que representam a extensão e a repartição de um fenômeno dado, de um grupo de fenômenos aparentados ou de um aspecto particular de um fenômeno, sem outro objetivo além de precisar sua localização (ex.: mapas de distribuição da população, das cidades, dos

FIG. 12 – FIGURAS CARTOGRÁFICAS

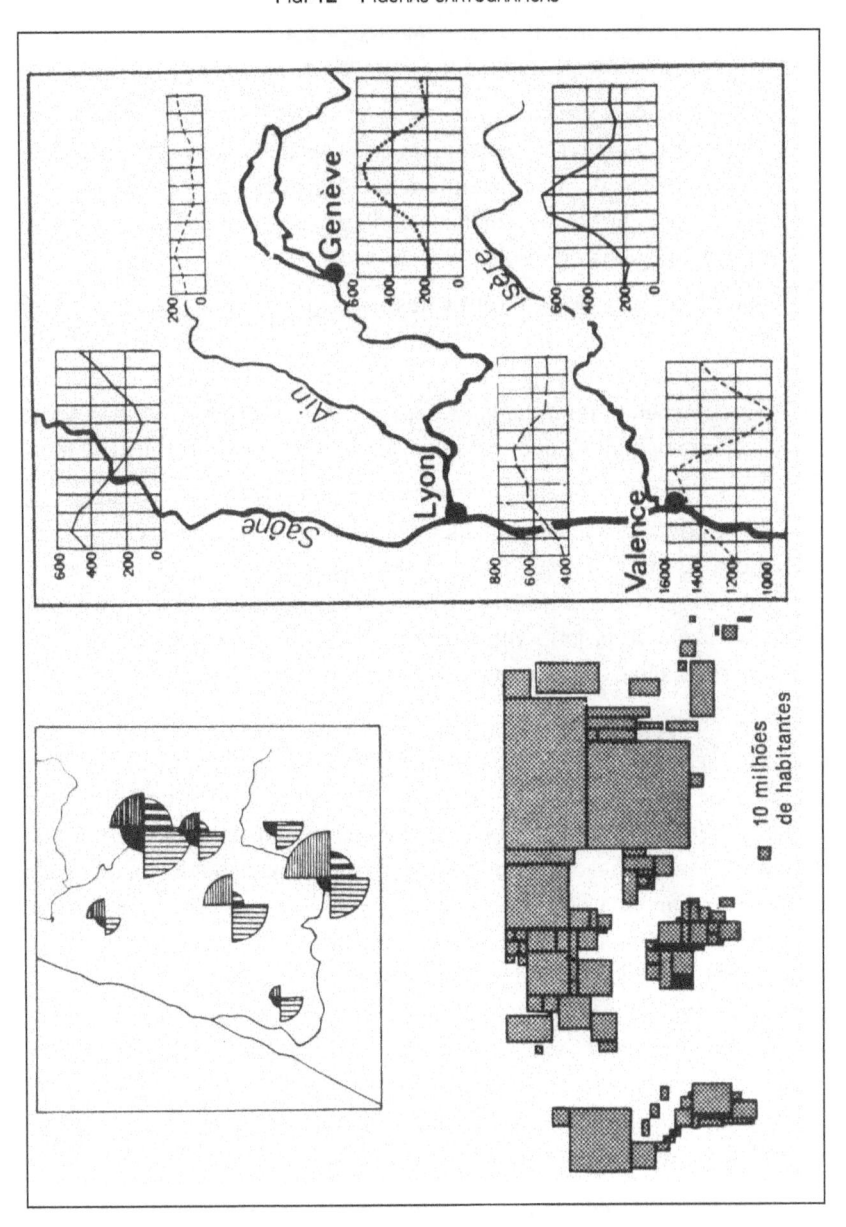

Acima: cartodiagrama; *abaixo, à esquerda:* cartograma; *à direita:* anamorfose.

mercados; mapas das redes hidrográficas, das estradas, das ferrovias; mapas de implantações zonais, ou corocromáticos, hipsométricos, geológicos, administrativos etc.).

– Os *mapas sintéticos*, ou *mapas de correlação*, que, em geral, são mais complicados e integram os dados de vários mapas analíticos para expor as consequências daí decorrentes (ex.: mapas geomorfológicos detalhados, mapas de ocupação do solo, mapas tipológicos diversos).

– Tanto uns quanto outros desses mapas podem, além disso, ser simplesmente *qualitativos* ou ao mesmo tempo *quantitativos*; *estáticos*, ou seja, fornecer o estado de um assunto num dado momento, ou *dinâmicos*, isto é, fazer aparecer as modificações produzidas ou que se produzirão em um certo intervalo de tempo.

A redação dos mapas temáticos apela para todos os meios científicos e técnicos de que a cartografia moderna dispõe. Graças ao seu recente e constante progresso, a teleanálise e a geomática temática tendem cada vez mais, em razão do próprio volume de dados, a manipular, a completar ou mesmo a suplantar o tratamento artesanal da cartografia clássica.

A coleta da informação, que é o equivalente do "levantamento" do mapa topográfico, é tarefa de especialistas: um bom cartógrafo deve ser competente no domínio que pretende ilustrar. As fontes do cartógrafo temático são, de fato, as mesmas que as do pesquisador não cartógrafo. Ademais, a representação total do espaço (um mapa não tem "buracos") o obriga a reunir uma documentação tão exaustiva quanto possível. Essa informação evidentemente varia com a escala do mapa. Em grande escala, ele repousa, antes de tudo, sobre o conhecimento do campo, que se consegue pela observação e pela pesquisa diretas ou pela fotografia aérea. Numa escala menor, às vezes fontes mais distantes satisfazem: estatísticas oficiais, documentação bibliográfica ou sensoriamento remoto. Em todos os casos, a informação localizada assim coletada deve ser cuidadosamente verificada, controlada, tratada e transposta em vista da expressão gráfica.

2. *Sensoriamento remoto* – A utilização de fotografias aéreas e de imagens de satélites não é menos capital em cartografia temática que em

cartografia topográfica.[2] Tanto umas como outras devem ser consideradas como um sistema de investigação que esboça ou que completa o conhecimento direito do campo, sem, no entanto, substitui-lo inteiramente.

O sensoriamento remoto traz a domicílio, para o cartógrafo, um documento exaustivo sobre a região a ser estudada. Mas, como a imagem não é seletiva, os detalhes importantes para o assunto tratado encontram-se misturados a outros que são de segundo plano ou mesmo inúteis. Além disso, esses detalhes apenas são diretamente reconhecíveis no limite do poder separador do registrador, seja alguns metros ou algumas dezenas deles. Portanto, primeiro é preciso proceder a uma *fotoidentificação*. Esta consiste em discernir as formas e os objetos, desde que tenham uma dimensão suficiente. Se não, é preciso recorrer aos dados indiretos que são fornecidos pelo contraste de tonalidades ou pelos estados da superfície das imagens. A esse respeito, a observação "em relevo", no estereoscópio, quando possível, facilita a análise. Em seguida, pode-se passar a uma *fotointerpretação* que destaca a importância relativa de cada componente, sua significação no conjunto e suas correlações. Nisso se é ajudado pela comparação de vários documentos tomados em momentos diferentes (análise diacrônica) ou com emulsões diferentes (pancromática, infravermelho preto e branco ou infravermelho "falsas cores") ou pelo registro de ondas eletromagnéticas de diversos comprimentos (termografia, radar, infravermelho, espectro visível). As imagens digitais mutiespectrais provenientes de satélites, estando sob forma numérica, prestam-se além disso a numerosas manipulações informáticas, tais como a melhoria do contraste dos matizes, seleção de setores de mesma intensidade ou correspondentes a uma mesma definição, medidas de superfície, cartografia automática etc.

Apesar de tudo, a subjetividade do operador ainda é grande e os erros estão longe de ser inevitáveis: por isso, continua indispensável um controle bastante estrito no solo. Quaisquer que sejam seus limites, o sensoriamento

---

2. J. Tricart *et al.*, *Introduction à l'utilization des photographies aériennes*, Paris, Sedes, 1970; F. Verger, *L'observation de la Terre par les satellites*, Paris, PUF, col. "Que sais-je?", 1982.

remoto oferece, todavia, vantagens muito superiores aos seus inconvenientes. Uma única missão de sensoriamento remoto coleta a informação necessária para múltiplas disciplinas e fornece a matéria de um número impressionante de temas. A vantagem é incomparável quando se trata de regiões extensas e de difícil acesso, ainda que para efetuar um reconhecimento rápido ou para implantar pesquisas mais aprofundadas no campo. Ademais, a repetição periódica da passagem do avião ou do satélite permite uma fiscalização periódica da superfície terrestre e resolve de modo feliz o delicado problema da atualização dos documentos cartográficos perecíveis.

3. Geomática temática – O desenvolvimento da geomática temática acompanhou o da geomática topográfica. Ele foi preparado pelo progresso, sensível a partir dos anos 50, da geografia dita "quantitativa",[3] que recorre a todos os meios de análise matemática e estatística. Diante da massa dos parâmetros a tratar, impunha-se o acesso ao computador.

A originalidade da geomática entre os outros modos de tratamento rápido da informação consiste em integrar a uma unidade taxionômica memorizada sua localização, sua extensão, sua eventual quantificação e as instruções necessárias para a sua transcrição sobre um mapa de base. Esse processo implica, antes, a constituição de um *fichário* informatizado a partir das observações de campo, do sensoriamento remoto, ou da bibliografia, assim como da *numerização* das localidades por suas coordenadas e a dos limites de zonas ou de circunscrições pela aplicação da teoria dos grafos.[4] Traduzido em fitas magnéticas ou em discos e estruturado em capítulos hierarquizados, abertos à introdução de informações novas, o fichário numerizado torna-se um *banco de dados* suscetível de ser interrogado e tratado com o auxílio de um *programa* (*software*) apropriado. Em seguida, o processo chega a uma *infografia temática*, ou seja, à produção numa tela ou à localização num traçador, sobre um mapa de base construído a partir de localizações memorizadas, de símbolos representativos dos objetos e dos valores observados ou calculados.

---

3. J.-B. Racine e H. Reymond, *L'analyse quantitative em géographie*, Paris, PUF, col. "Sup", 1973.
4. A teoria dos grafos se refere basicamente à representação gráfica de uma função. (N.T.)

Ligado ao computador, o banco de dados assim se torna uma verdadeira base de pesquisa, fonte de operações novas, por mais complicadas que sejam:

— tratamento lógico do estoque de informações, triagem, classificação, cálculos analíticos ou analógicos, determinação de fatores ou de coeficientes de correlação, pesquisa operacional ou prospectiva etc.;

— construção de modelos ou de sistemas que simulam as relações entre fatos observados e acontecimentos projetados, com os quais serão comparados os acontecimentos reais;

— expressão gráfica dos resultados pelo desenho automático.

A maioria dos grandes países desenvolvidos dispõe atualmente, ou constitui gradativamente, tais fundos de informação e de tratamento cartográfico. Alguns pensam mesmo num sistema global e internacional de documentação infográfica. Mas, antes de chegar isso, ainda falta muito a ser feito no nível das nações. São mais convincentes as tentativas, muitas vezes notáveis, de atrelar o automatismo de registro do sensoriamento remoto ao automatismo operacional da geomática. Entretanto, o problema não é simples; pois, se é fácil determinar com exatidão a posição de um objeto numa cena, é mais difícil identificá-lo com uma certeza aceitável a partir unicamente dos valores radiométricos registrados. A solução diz menos respeito às insuficiências técnicas dos aparelhos em uso (resolução no solo, por exemplo) do que à indeterminação teórica dos critérios de identificação. Por muito tempo ainda, as transcrições cartográficas automáticas deverão ser cuidadosamente verificadas e completadas no campo.

Não resta dúvida de que a cartografia temática contemporânea está em plena mutação e de que a introdução da cartografia computadorizada é a peça-chave dessa transformação. Acrescenta-se às suas vantagens práticas, já várias vezes assinaladas, o fato de que os mapas assim produzidos estão sob uma forma numérica. Eles podem, portanto, por sua vez, ser submetidos ao cálculo. Um mapa numérico é, de fato, uma matriz que, como tal, pode ser comparada, combinada ou acrescentada a outras matrizes. Esboça-se assim uma verdadeira *álgebra de mapas*, produtora de novos dados e de novos mapas.

A cartografia computadorizada assim ultrapassa amplamente a simples representação gráfica automática dos fenômenos geográficos. Deve ser considerada como um elo de uma cadeia contínua de operações que, partindo de uma coleta de dados, continua com um tratamento estatístico ou matemático (ele próprio podendo fornecer mapas intermediários) e chega à visualização e/ou memorização sob a forma cartográfica dos resultados obtidos.

A análise cartográfica

Manual ou automática, a análise cartográfica permanece a mesma nos seus princípios. Ela diz respeito, essencialmente, a:

- problemas de localização, isto é, de relações entre os objetos estudados e o espaço;
- problemas de qualificação e de diferenciação dos objetos, uns em relação aos outros;
- problemas de quantificação que permitem classificação e comparação entre os objetos;
- problemas de relações analógicas significativas que implicam a representação de relações, de proporções ou outros valores estatísticos.

1. Localização – É próprio da cartografia confrontar os objetos com o espaço que os contém. Um mapa é tanto mais confiável quanto mais esse problema é tratado com grande cuidado. Restituidores e coordenatógrafos contribuem eficazmente para isso. É por isso que cada mapa deve trazer normalmente a rede de referências mais universal, que é a das coordenadas terrestres, latitudes e longitudes. Mas também existem referências mais familiares, como o traçado das costas e dos rios, os volumes do relevo, os lugares habitados, os limites administrativos... O conjunto dos elementos de referência constitui a base do mapa, que deve ser concebido em função do tema a ser cartografado e da escala, o que impõe escolhas.

Em grande escala, esses elementos são levantados sobre os mapas topográficos, sendo completados, se necessário, com medições de campo. A análise dos dados físicos exige pelo menos uma representação mais ou menos detalhada do relevo, geralmente em curvas de nível. A dos fenômenos socioeconômicos pode, às vezes, contentar-se com intervalos hipsométricos ou com valores de declividade (fundo "clinográfico") ou mesmo com a ausência total de relevo. Por outro lado, não se poderiam dispensar os limites administrativos, aos quais estão relacionados os dados estatísticos. Porém, tanto num como no outro caso, a rede hidrográfica parece um elemento indispensável, visto que sua densidade muitas vezes basta para evocar os caracteres essenciais da topografia, pelo jogo óptico das divergências a partir dos relevos e das convergências em direção às depressões.

Em média e em pequena escala, a base do mapa pode ser mais esquematizada. Ela é, então, extraída dos mapas derivados ou dos mapas de conjunto. A escolha do sistema de projeção assume, ao contrário, uma importância maior. Mas a precisão das localizações diminui, de maneira que as medidas são cada vez mais aproximativas, senão mesmo ilusórias.

2. Qualificação, seleção – A identificação precisa dos objetos a serem cartografados (unidade taxionômica) e sua definição (taxionomia) são problemas de especialistas, antes de ser problemas de cartógrafos. Eles se colocam tanto para o desenhista quanto para quem tem a incumbência de introduzir essas unidades taxionômicas num banco de dados. Em todo caso, o nível taxionômico adotado deve ser adaptado à escala do mapa. Se, em grande escala, a unidade cartográfica é muitas vezes o próprio objeto; em pequena escala, é antes o grupo de objetos, a categoria ou o tipo.

O levantamento dessas unidades é feito, conforme o caso, pela pesquisa de campo ou por sensoriamento remoto. Resta ao cartógrafo escolher, entre os meios gráficos de que dispõe, os mais apropriados e os mais seletivos. A combinação das variáveis retinianas associativas, forma assistida ou não pela cor, orientação ou granulação (fig. 1), fornece, nesse sentido, possibilidades quase ilimitadas de representação qualitativa. Todavia, com as seguintes condições:

– representar os objetos diferentes por sinais diferentes e os objetos de natureza aproximada por sinais aparentados;
– escolher uma hierarquia de sinais relacionada a uma hierarquia de unidades taxionômicas;
– apresentar todos esses sinais dentro de uma legenda bem estruturada.

3. Quantidades absolutas – A representação dos valores numéricos absolutos relacionados a um centro ou a uma superfície requer ainda mais atenção. Ela implica uma hierarquização das unidades cartográficas que permitem sua classificação ordenada e sua comparação. O tamanho, o valor e a granulação são as variáveis retinianas mais bem-adaptadas a essas operações (fig. 1). O importante é definir uma proporcionalidade dos símbolos que servem de escala para o conjunto.

O melhor efeito sugestivo está na proporcionalidade das superfícies. Estando as quantidades análogas representadas por figuras geométricas semelhantes, essas figuras são proporcionais entre si quando as relações de similitude são como as raízes quadradas dos valores N a representar. A figura mais simples é o quadrado de lado c = √N; mas podem-se também utilizar círculos, semicírculos, triângulos etc. (fig. 13). Quando a família das superfícies parece muito sobrecarregada pode-se recorrer aos volumes: cubo, esfera ou pirâmide. Nesses casos, as dimensões lineares são proporcionais às raízes cúbicas dos valores N e o desenho é feito em perspectiva cavaleira (fig. 13). Mas a avaliação pelo leitor é bem mais difícil. Em todos os casos é necessária uma referência gráfica em legenda ou um ábaco.

Os mapas de quantidades absolutas têm, assim, o valor de uma tabela estatística cujos dados seriam divididos visualmente no espaço que ocupam na realidade. Inversamente, todo leitor pode, em teoria, reunir, a partir do mapa, as informações numéricas que lhe permitam reconstituir o quadro

Fig. 13 – Símbolos proporcionais

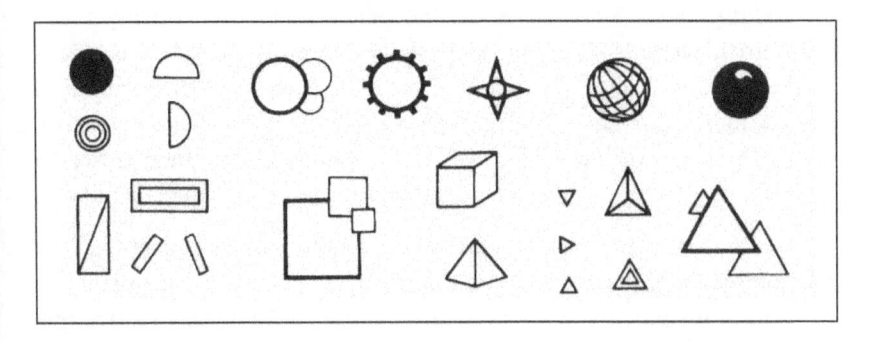

estatístico inicial. Além disso, o que aos olhos é apenas uma aproximação imperfeita pode se tornar, no caso de uma cartografia computadorizada, uma base rigorosa de tratamento matemático.

4. Cartografia estatística – Uma representação puramente qualitativa ou mesmo hierarquizada dos fatos geográficos é muitas vezes insuficiente. As técnicas quantitativas modernas, com a informática e o desenho automático, permitem ir muito mais longe, muito mais depressa. É essa conjunção do cálculo e da visualização que dá à cartografia temática contemporânea todo o seu sentido e toda a sua eficácia.

Fazer um mapa é estabelecer pelo menos uma relação com o espaço. Nessa relação, o numerador é uma variável N que representa valores ou efetivos; o denominador é a área S de sua extensão. A relação N/S é a comparação de uma quantidade com uma superfície. Ela contém a noção de densidade, de pressão sobre a superfície ou de redução à unidade. A análise naturalmente é tanto mais fina quanto a área S de referência é menor. Isso implica um recorte do terreno a partir de limites definidos mais ou menos arbitrariamente. No mais das vezes, a própria natureza dos quadros estatísticos impõe que sejam adotadas as divisões administrativas. O estabelecimento de uma grade de quadrados iguais e unidos, de dimensões convenientes (hectométricas ou quilométricas), resolveria com sucesso o problema; o ideal seria mesmo que essa grade fosse calcada sobre a dos "pixels" (unidades de resolução no solo) dos documentos de sensoriamento remoto. Mas a dificuldade seria então quantificar dados dentro dessa nova divisão.

O caráter expressivo de tais mapas será tanto mais perfeito quanto mais significativa for a classificação dos valores de N. O lugar dos patamares, ou seja, dos cortes efetuados na continuidade das séries numéricas é, portanto, de extrema importância. Sabe-se determiná-lo racionalmente por uma representação cromática apropriada. Para isso, utiliza-se o valor ou a granulação (fig. 1), colocados em ordem crescente contínua ou repartidos de um e de outro lado de uma média (fig. 14).

A relação S/N é menos empregada. É a comparação de uma superfície com uma quantidade por ela suportada. Ela sugere uma certa disponibilidade do espaço, recíproca à densidade. Sua representação é mais gráfica que cartográfica: leva às anamorfoses (fig. 12), em que as superfícies são deformadas proporcionalmente às quantidades estudadas.

Qualquer outro tipo de relação pode ser representado cartograficamente. A análise matemática dos dados[5] fornece a matéria de múltiplas combinações e as máquinas estão perfeitamente aptas para integrar esses tratamentos preliminares nos seus programas infográficos. Os mais simples são os cálculos das taxas, índices ou porcentagens, que consistem em relacionar uma quantidade variável a uma quantidade fixa, geralmente 100 ou 1 000, tomada como referência. Por exemplo, se s é uma parte de S e n uma parte de N, as relações s/S ou n/N são uma comparação da parte com o todo. Elas contêm a noção de divisão de um conjunto ou a frequência de uma subclasse dentro de uma classe. Essas relações são expressas por cartogramas (fig. 12) ou por representações corocromáticas.

Os mapas de taxas ou de índices são mais abstratos que os mapas de valores absolutos. Em princípio, o valor absoluto de referência deve ser posto no mapa, por exemplo, sob a forma de um círculo proporcional sobreposto à representação zonal da relação (fig. 15). Quando várias relações dizem respeito a uma mesma superfície (tipos de culturas por município, por exemplo), às vezes se utiliza o sistema de faixas proporcionais. Cada faixa representa uma porcentagem dada (5, 10 ou 20%) da quantidade

---

5. J.-M. Bouroche e G. Saporta, *L'analyse des données*, Paris, PUF, col. "Que saisje?", 1980.

Fig. 14 – Determinação dos patamares de valores

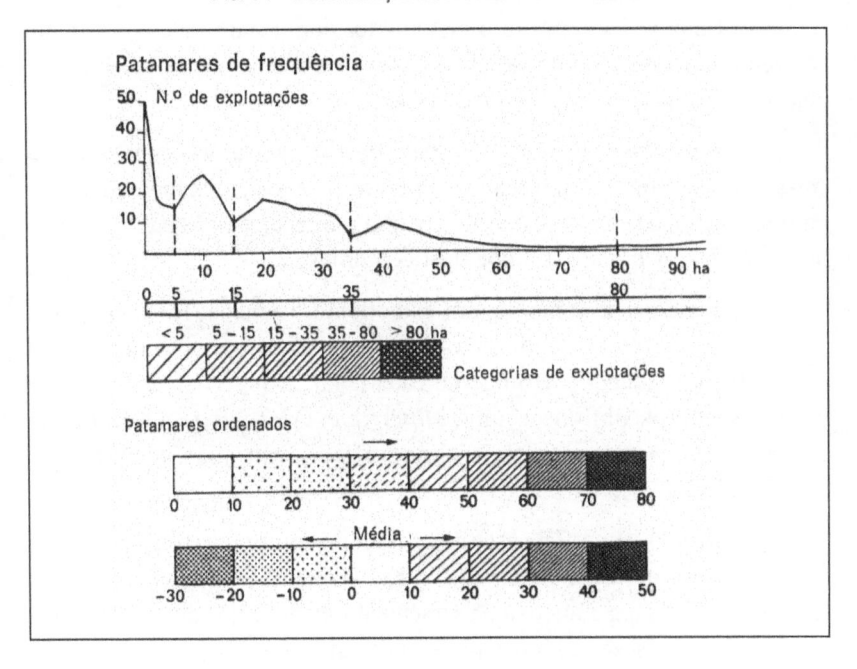

Fig. 15 – Relações e proporções

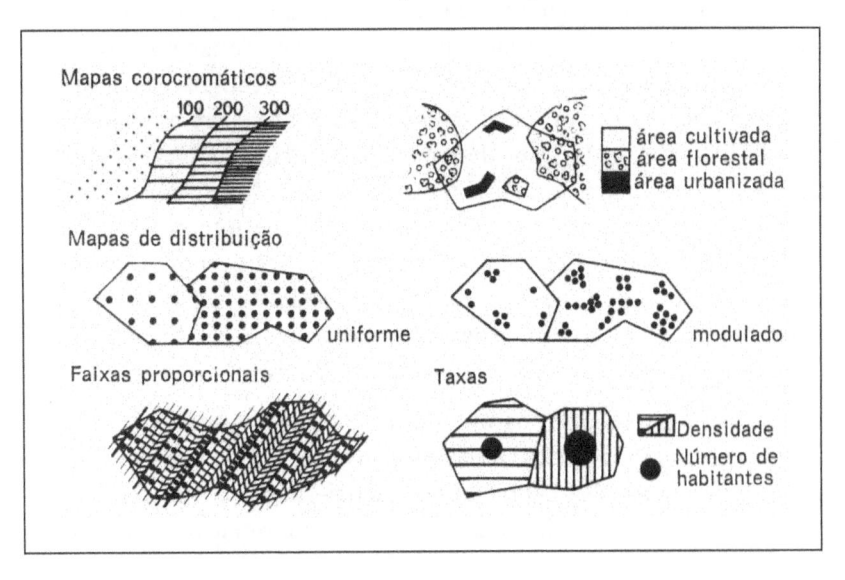

estudada e é colorida ou tramada em função da categoria correspondente (fig. 15).

Emprega-se também o método dos dominantes, que consiste em cartografar apenas a ou as variáveis superiores a uma certa porcentagem, consideradas como características do todo.

5. Mapas corocromáticos e mapas de distribuição – Chama-se *mapa corocromático* (fig. 15) um mapa sobre o qual se relaciona uma qualidade ou uma quantidade de implantação zonal a um recorte espacial, tipológico ou estatístico, materializado por seus contornos.

Tudo se passa como se, em cada ponto do mapa, fosse colocado em elevação o valor z local da variável considerada, como nos mapas topográficos se coloca a altitude de cada lugar. A superfície que contém todos os pontos obtidos é uma *superfície estatística,* inteiramente comparável a uma superfície topográfica, com suas elevações e concavidades.

A noção de superfície estatística permite definir *curvas isorrítmicas* que, como as curvas de nível, são linhas isométricas, ou isolinhas, que reúnem os pontos em número teoricamente ilimitado, cujo valor mensurável é constante. Tais são as curvas de igual altitude (isoípsas), de igual profundidade (isóbatas), de igual temperatura (isotérmicas), de igual pressão (isóbaras), de igual precipitação (isoietas), mas também de igual intensidade sísmica (isossistas), de igual intervalo de tempo (isócronas) etc. Só difere a definição da variável, o princípio de construção permanece o mesmo. Na prática, essa construção está apoiada sobre um número de pontos limitados e de valor determinado, no mais das vezes inteiro e correspondendo a uma equidistância significativa. Ela responde a regras bastante estritas, mas relativamente simples, de interpolação ou de divergência numa distribuição estatística. Os computadores são extremamente eficazes nesse trabalho de rotina. Resta melhorar o traçado, levando em conta as inflexões das curvas mais bem orientadas e considerando as circunstâncias geográficas locais.

Todos os fenômenos espaciais são assim suscetíveis de uma interpretação corocromática. A forma da mancha representativa é limitada por contornos reais (descontinuidades materiais) ou por contornos abstratos (limites tipológicos, administrativos ou curvas isorrítmicas). Ela mostra a extensão do fenômeno na superfície. A disposição das manchas mostra a divisão do conjunto. Nos casos mais simples, o mapa corocromático pode ser monocromático, recoberto por tramas pré-fabricadas ou por sombreados feitos pelo computador. Nos casos mais complexos, muitas vezes se recorre à policromia. O uso das cores não corresponde apenas a uma inspiração estética; existem regras para determinar sua escolha. Quando intervêm valores numéricos, principalmente, cuida-se para que a gama cromática acompanhe a gama estatística e para que os diferentes matizes assumam, aos olhos, uma sequência ordenada; por exemplo, a do espectro luminoso. As vantagens da cor são incontestáveis: variável forte e seletiva, ela reforça a legibilidade e a clareza do mapa. Mas é dispendiosa e, dependendo do custo, dispensável.

Quando a variável estudada é descontínua no espaço, por exemplo, quando se trata dos indivíduos de uma população ou de quantidades localizadas num lugar pontual na escala do mapa, fala-se de *mapas de distribuição*. A representação mais corrente é um aglomerado de pontos distribuídos nas unidades estatísticas concernentes (fig. 15). A impressão visual da densidade é então obtida pela dispersão no espaço de pontos de contagem, cada um deles valendo uma unidade ou um múltiplo da unidade, quantitativos por sua dimensão e qualitativos por sua forma ou cor. Se esses pontos estão distribuídos de maneira uniforme, obtém-se, como nos mapas corocromáticos, um efeito de trama que os computadores realizam facilmente. A impressão de densidade ou de identidade do fenômeno é dada pela aparência mais ou menos carregada da representação; mas a significação geográfica permanece limitada.

Um outro método consiste em reservar as zonas desocupadas e em colocar os pontos de contagem ali onde realmente estão os objetos que eles representam. Essa representação modulada é, então, bem melhor e mais sugestiva. Restam a dificuldade de apreciar com exatidão os efetivos a reter em cada lugar e a de distribuir melhor os resíduos da divisão dos múltiplos. A imagem assim obtida é mais significativa, pois as nuanças geográficas são mais bem respeitadas. Por outro lado, a execução em cartografia automática é mais delicada, porque ela supõe um recorte mais detalhado e uma boa elaboração estatística ainda raramente coexistentes.

Cartografar o movimento

A superfície da Terra está em perpétua transformação. Nada nela é imutável. A cartografia deve poder sugerir essas mudanças, seja qual for a escala temporal na qual elas se produzem. A dificuldade consiste em representar num plano imóvel os deslocamentos que se fazem no espaço ou as transformações que se sucedem no tempo. Trata-se de sugerir uma cinemática com o auxílio de documentos estáticos por si próprios, e isso sem sacrificar a precisão ou a legibilidade. Para introduzir essa quarta dimensão, a duração, vários procedimentos são empregados, conforme os assuntos.

1. Os mapas de deslocamento no espaço, ou mapas de fluxo, aparentam-se ao mais antigo tipo de mapa, o itinerário, e mais genericamente aos "mapas de redes" de implantação linear. A representação mais corrente consiste em simbolizar o movimento por vetores traçados sobre a rota percorrida. O mapa de base é, pois, um mapa de estradas, tão detalhado quanto o exigem os percursos tomados. Os comprimentos e os ângulos são tão fielmente relacionados quanto o permite a generalização na escala. Os vetores assumem a forma de flechas ou de faixas contínuas ou tracejadas, qualificadas por figurações ou cores e quantificadas por larguras proporcionais. Para discriminar os movimentos num e noutros sentidos, basta duplicar as figurações ou as cores, repartindo-as de cada lado da estrada (fig. 16).

Se o itinerário não está rigorosamente definido, pode-: se utilizar flechas curtas ou bastonetes orientados no sentido geral do deslocamento e localizados no ponto de partida ou de chegada, como a limalha de ferro em torno de um polo imantado (fig. 16).

Um outro procedimento, este indireto, consiste em cartografar os deslocamentos efetivos, em valor absoluto ou em porcentagem; marca-se a origem do movimento por uma diminuição do efetivo local e seu resultado por um aumento correlativo (fig. 16). Constroem-se, assim, mapas de migrações, de nomadismo ou de movimentos pendulares mostrando os ganhos e as perdas simultâneas às duas extremidades do deslocamento.

A cartografia dos fluxos, sempre difícil e muitas vezes antiestética, diz respeito, contudo, a um dos problemas geográficos mais consideráveis do mundo contemporâneo.

FIG. 16 – PROBLEMAS DINÂMICOS

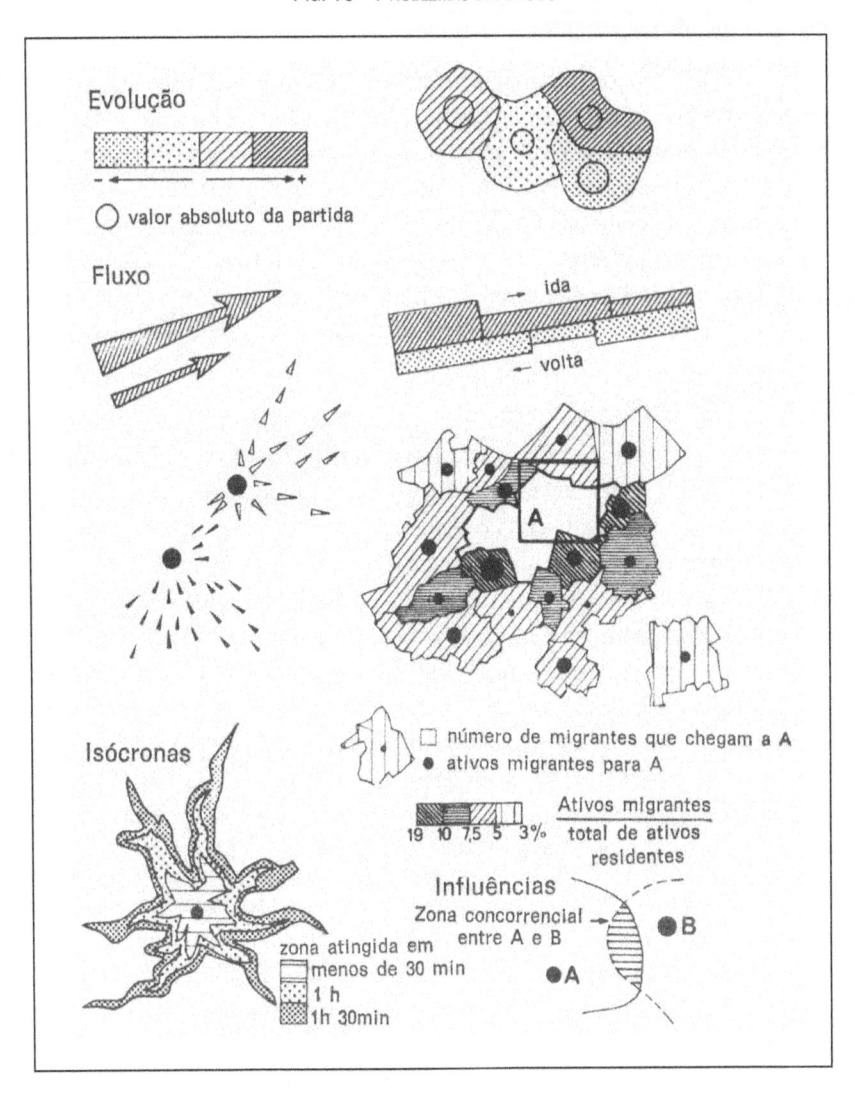

O auxílio do computador é aqui particularmente eficaz. O tratamento estatístico das matrizes numéricas origens/destinos permite melhorar os traços, e criar figurações de um novo estilo, como as anamorfoses ou as elevações em três dimensões.

A cartografia 79

2. *Os mapas de variações e de evolução* de um fenômeno no tempo não são menos importantes e nem menos delicados na sua execução.

Um fenômeno que varia de maneira aleatória em torno de uma posição de equilíbrio é habitualmente representado por seu valor médio calculado num período bastante longo· e acompanhado por uma notação dos extremos. Essa representação tem falhas. De fato, a imagem é puramente estatística, mais abstrata do que real. Todavia, esses mapas têm um certo interesse nos casos de fenômenos relativamente estáveis no intervalo de tempo escolhido ou quando as variações extremas eliminam-se mutuamente num longo período. Exemplo: os mapas climáticos (temperaturas, precipitações) em escala decenal, ou os mapas de produção agrícola fora das grandes perturbações econômicas.

Para exprimir uma verdadeira evolução, uma sequência de transformações num mesmo sentido, o melhor meio é cartografar as situações sucessivas realizadas no decorrer do tempo. Estabelecem-se, então, mapas sinóticos do estado real das coisas, conforme um período de tempo tão breve quanto possível (hora, dia, mês ou ano), escolhido em função da versatilidade do fenômeno. Cuidadosamente datados e montados em séries, esses mapas podem ser comparados por superposições em suportes transparentes, por justaposição, como nas histórias em quadrinhos, por chamadas simultâneas ou sucessivas no monitor de vídeo, por montagem em filme ou em vídeo, como no desenho animado. É o equivalente dos gráficos evolutivos em coordenadas cartesianas, porém com uma localização geográfica concreta a mais.

Também se pode representar diretamente o sentido e o valor da variação realizada no intervalo de tempo considerado. Esse valor pode ser expresso em porcentagem relacionada à superfície. Basta aplicar uma cor (ou uma trama) sobre as porções de espaço concernentes: por exemplo, vermelho (ou hachuras) se a evolução é positiva, azul (ou pontilhados) se ela é negativa. Como para todos os mapas de taxas, ter-se-á o cuidado de demonstrar por um símbolo proporcional o valor absoluto das perdas ou dos ganhos na origem ou no fim da evolução enfocada (fig. 16).

3. *Os mapas de penetração e de influência* dizem respeito às facilidades de acesso a um centro ou a um meio de transporte, ou aos

problemas de ligação entre centros vizinhos, ou ainda aos problemas de alcance a partir de um dado polo de difusão.

As facilidades de acesso ou de ligação exprimem-se naturalmente em função do tempo. Elas se traduzem, pois, por mapas isorrítmicos, chamados de isócronos. São curvas que ligam os pontos acessíveis num tempo determinado. A influência de uma cidade, capital regional ou econômica, pode ser medida a partir da área de extensão de certas funções essenciais, administrativas, comerciais ou de serviço, tendo sua sede ou origem na cidade. Por exemplo: a rede de transportes em comum, as ligações telefônicas, os circuitos comerciais ou bancários, a divulgação dos jornais locais, a zona de atração de mão de obra etc. Os limites dessas áreas recortam-se entre si e com as áreas concorrentes. Assim se podem definir os domínios de influência exclusiva ou concorrencial entre centros vizinhos (fig. 16).

Cartografia das correlações

Os *mapas de correlação* combinam num mesmo fundo duas ou mais variáveis do espaço, entre as quais se pretende exprimir relações lógicas. Nesse sentido, os mapas analíticos já são mapas de correlação, uma vez que comparam o fenômeno estudado com o espaço que ocupa. Mas os verdadeiros mapas de correlação são expressamente construídos para mostrar ao leitor os laços de causalidade ou de dependência existentes entre vários dados, tal como sua eventual aptidão para determinar conjuntamente outros fenômenos ou outras combinações.

A pesquisa das correlações no espaço é a própria essência do trabalho geográfico. Ora, essas correlações nem sempre são evidentes; é preciso descobri-las e, ao contrário, desconfiar de algumas aproximações muito simplistas. Nessas condições, a pesquisa das correlações baseia-se na confrontação de múltiplos dados que se supõe estarem numa relação de causa e efeito. O faro do pesquisador e sua experiência contam muito no êxito de um tal método, que frequentemente precisa de sucessivas tentativas, às vezes infrutíferas. Mas já há muito tempo a cartografia permite amparar o processo intelectual. Primeiro, pela elaboração de mapas analíticos dos fenômenos a ser confrontados. Em seguida, pela manipulação experimental desses mapas por justaposição ou superposição, a fim de depreender visualmente as relações significativas que seguramente será preciso verificar no campo. Enfim, pelo estabelecimento de um mapa de síntese.

Os mapas de síntese tirados dessas operações são mapas complexos por natureza. Mais que mapas de referência, são mapas de explicação e de comunicação; portanto, devem ser claros e legíveis e comportar apenas os dados essenciais. O trabalho do cartógrafo assim se encontra, como sempre, estreitamente associado ao do pesquisador. Do mesmo modo que o valor científico do mapa é resultado dos raciocínios mais pertinentes, seu valor didático decorre da aplicação das técnicas mais bem dominadas. *Grosso modo*, esses mapas podem ser classificados em duas categorias:

– Os *mapas sistêmicos* são analíticos na sua construção, no sentido de que designam para o leitor os dados específicos do sistema estudado. Mas são ao mesmo tempo sintéticos na sua expressão, devido à imagem global que propõem das diversas combinações resultantes. Às vezes são acompanhados por cartões anexos, que recolocam o problema num quadro mais amplo ou, ao contrário, tratam de detalhes importantes. Esses mapas forçosamente muito carregados não podem, em absoluto, ser úteis, a não ser em média e grande escalas, superior ou igual a 1:50 000, como o Mapa Geomorfológico Detalhado da França ou certos mapas de utilização do solo ou do meio ambiente.

– Os *mapas tipológicos* contentam-se em mostrar as combinações realizadas em cada setor do espaço, sem se preocupar com fatores analíticos de base que permitiram sua identificação. O tratamento da informação foi feito em outro lugar e é o seu resultado que é cartografado. Cada categoria do fenômeno constitui uma unidade taxionômica ou tipo, que cobre uma zona homogênea, distinguida por um símbolo regular ou uma cor, explicitados na legenda ou numa nota. Esse gênero de mapa suporta facilmente a redução, conservando uma boa legibilidade. Outrossim, é encontrado em todas as escalas, principalmente nas escalas regionais ou sinóticas, de 1:1 00 000 até 1:1 000 000 e menores. Tais são, por exemplo, os mapas pedológicos usuais, que mostram tipos de solo definidos numa classificação prévia; os mapas fisiográficos, que individualizam unidades de paisagem, baseados em dados climáticos, edáficos, hidrográficos, geomorfológicos, biológicos; os mapas dos modos de exploração do solo, que integram dados sobre a situação jurídica dos domínios, sua dimensão, seu equipamento, a organização dos campos etc.

Os mapas de correlação são, portanto, numerosos e variados. Representam o estado mais acabado da cartografia manual clássica, mas também o limite a não ultrapassar, sob pena de ilegibilidade e, portanto, de inutilidade. É no mais das vezes no uso da cor que se requer a maior eficácia, pois a execução tricromática (ou quadricromática) permite, por um custo razoável, usar nuanças suficientes, mesmo se sua interpretação não é sempre imediata. Sabe-se tirar de uma mesma cor várias gradações de valor, cada uma das quais pode, teoricamente, representar uma das variáveis ou a redução a um índice do feixe de variáveis que age sobre uma superfície considerada. Com efeito, é preciso contar com certas dificuldades técnicas. É assim que serão reservados os matizes mais escuros às representações descontínuas, enquanto tramas de pontos ou de linhas, ou cores chapadas, fornecerão as manchas contínuas dos coloridos corocromáticos. Estas poderão mesmo comportar a alternância de faixas de matizes ou de valores diferentes. Quanto ao resto, nada impede de acrescentar à tricromia cores suplementares, a não ser o custo da impressão. Por conseguinte, as combinações gráficas são praticamente ilimitadas.

Parece que a cartografia clássica aí encontrou a maturidade de sua ação: ela não tem mais o que pesquisar nos seus princípios e seu arsenal expressivo será pouco enriquecido. Ainda é preciso saber explorá-lo e o talento do cartógrafo será reconhecido na escolha das combinações gráficas, assim como na pertinência da mensagem que está sendo comunicada.

Entretanto, a cartografia pretende mesmo ultrapassar essa missão de comunicação para participar ativamente da pesquisa. As tentativas são antigas e há muito tempo se tem buscado na síntese das cores em superposição a expressão das correspondências. Não é exagero dizer que, nesse sentido, a cartografia desempenhou um papel essencial na formação dos métodos ditos quantitativos. Esses métodos modernos introduziram na pesquisa procedimentos mais rigorosos, baseados no cálculo matricial, na análise fatorial e nos coeficientes de correlação. Eles têm como característica comum em relação à cartografia tratar grandes massas de variáveis observadas e, portanto, constituir combinações polidimensionais que o cartógrafo se esforça para traduzir graficamente num espaço bidimensional.

A introdução da informática e da cartografia computadorizada permite concretizar e ampliar essa tendência. O computador serve, primeiro, para agrupar e reduzir as observações e as variáveis armazenadas nos bancos de dados para trazê-las a um nível perceptível para o leitor de um mapa. Os processos de análise matemática revelam não somente correspondências e componentes, mas também resíduos inexplicados que uma simples representação cartográfica permite comparar no espaço. Assim, um bom número de mapas permanece como mapas efêmeros, não destinados à publicação.

Esses mapas de trabalho eram, até bem pouco tempo, manuscritos e montados sobre transparências superponíveis. Hoje eles podem ser diretamente evocados sobre uma tela, comentados, modificados, corrigidos, comparados com outros e ser materializados apenas se isso valer a pena. Melhor, como se disse anteriormente, esses mapas numerizados podem ser tomados eles mesmos como base de cálculo numa álgebra de mapas e, então, ser automaticamente acrescentados, subtraídos, correlacionados e reduzidos a novos mapas, por sua vez produzidos na tela.

A cartografia computadorizada torna-se, ao mesmo tempo, o meio de tratamento de uma informação que não corre mais o risco de ser nem complicada nem excessiva, e o meio de visualizar tanto as etapas do raciocínio quanto o resultado da pesquisa. E, na hora da impressão, o computador ainda dirige o braço do traçador automático, para a execução do desenho definitivo.

Por mais sofisticado que seja, o computador nada mais é do que uma ferramenta. A inteligência reside na concepção do mapa pelo cartógrafo: este deve adaptar-se aos diferentes públicos aos quais aquele é destinado. Vamos ver, em seguida, alguns exemplos disso.

4
CONTROLAR E GERIR O MEIO AMBIENTE

Analisar o espaço geográfico não é um simples exercício de estilo nem um divertimento: é uma operação que normalmente se inscreve num processo de pesquisa científica ou de organização territorial. Um mapa não é apenas uma obra de arte; é um instrumento de descoberta e de comunicação a serviço de um saber ou de uma ação. Como há pouco escreveu um geógrafo, no título visivelmente provocador de uma obra que foi muito discutida: *A geografia – Isso serve, em primeiro lugar, para fazer a guerra.*[1] O que quer dizer que o espaço que nos circunda é uma realidade mais ou menos grave e que ameaça as instalações e as atividades dos homens, sendo necessário, então, conhecê-lo bem para utilizá-lo ou, sendo preciso, para combatê-lo. A cartografia é um instrumento eficaz desse conhecimento e desse combate. Verificação de estado (inventário documental), base de reflexão e de previsão (sistema lógico entre os dados de um problema e as soluções que eles inspiram) ou guia de execução (comunicação de uma ordem ou de uma diretriz), o mapa intervém em todos os estágios do contato entre o usuário e o seu meio ambiente.

---

1. Y. Lacoste, *A geografia – Isso serve, em primeiro lugar, para fazer a guerra.* Tradução de Maria Cecília França, 2ª ed., Campinas, Papirus. 1989.

Onde se reencontra o problema da escala

O problema da escala foi lembrado no primeiro capítulo sob sua forma numérica e gráfica. Mas o conteúdo da noção de escala é ignorado com tanta frequência que algumas vezes leva a mal-entendidos e, portanto, não é inútil voltar um pouco a ele.

A resolução cartográfica de um problema geográfico demonstra concretamente a relação fundamental que existe entre a extensão de um espaço (limitado ao formato do papel) e o número e o caráter dos critérios distintivos que permitem individualizá-lo. Esses critérios são tanto menos numerosos e tanto menos precisos quanto maior for o espaço a representar e, portanto, menor a escala do mapa. Com efeito, a cartografia de uma mesma região em escalas diferentes exprime várias faces de uma mesma realidade examinada com mais ou menos detalhes. Não são os mesmos elementos da paisagem que se percebe num documento de satélite, numa fotografia aérea, num quadro estatístico, numa caderneta de campo ou numa análise de laboratório. Não são os mesmos problemas que podem ser enfocados conforme as diversas escalas. Nem tampouco são os mesmos meios que permitem resolvê-los e cartografá-los. Assim, se a extensão do estudo induz a escala, ela induz ao mesmo tempo uma certa problemática, uma certa escolha de critérios e um certo tipo de raciocínio. Inversamente, a adoção de um certo ponto de vista e de uma certa metodologia impõe uma escala compatível com sua tradução cartográfica.

A determinação da escala de um mapa não é indiferente, portanto. A escala não apenas deve estar adaptada ao objeto da pesquisa, mas deve ainda indicar o nível de análise que se pretende. O importante é definir em cada caso o grau de abstração admissível e as características a reter para traçar os contornos e selecionar os símbolos. Essas escolhas, em princípio, são expressas pela ordem da legenda. Assim, cada mudança de escala constitui uma mudança de óptica, ou seja, uma mudança de nível de generalização.

A cartografia de um mesmo espaço em várias escalas é um meio cômodo para explorar seus diversos aspectos nas suas relações hierárquicas e nas suas articulações. É particularmente eficaz quando se trata de uma cartografia operacional destinada a diferentes estágios de intervenção. Como o afirma Y. Lacoste na sua obra anteriormente citada: "A estratégia é elaborada em escala menor do que a tática".

Cartografia descritiva para uso dos estrategistas

A estratégia é a arte de coordenar ações visando obter o êxito de uma operação. Tanto na gestão do meio ambiente como na condução de uma campanha, a exata avaliação dos dados do campo é a condição indispensável para o êxito do projeto. A cartografia para uso do estrategista é, pois, principalmente uma cartografia descritiva, ou cartografia de inventário, em geral de pequena ou de média escala.

Os mapas de inventário são, em princípio, mapas de situações. Eles não visam interpretar ou explicar, apenas constatar e localizar fatos e objetos reconhecíveis e verificáveis por todos. Os mapas topográficos, os mapas analíticos e alguns mapas de correlação são exemplos que podem ser citados. Geralmente, esses mapas são, acima de tudo, mapas de referência, um meio visual de armazenar informações, uma fonte de documentação. Por conseguinte, devem poder ser mantidos atualizados para refletir exatamente a realidade do momento. Nesse sentido, podem ser numerizados e incluídos nos bancos de dados temáticos e infográficos, constantemente atualizados e completados.

De fato, esses instrumentos de conhecimento do espaço jamais são absolutamente neutros. Técnica ou intencionalmente, eles procedem de escolhas que comprometem a responsabilidade do cartógrafo. Ora, essas escolhas às vezes recaem pesadamente sobre o conteúdo do mapa, tanto mais quanto menor é a escala, mais vastos os territórios e/ou mais complexas as combinações a esquematizar.

Um exemplo significativo é o do "zoneamento", destinado a recortar um território em "zonas homogêneas", isto é, em áreas onde um mínimo de diferenças pode ser observado ou, ao contrário, um máximo de similitudes. Um "zoneamento" sempre é delicado e quase sempre discutível, já que depende, desde o início, de definições e critérios sobre os quais os próprios especialistas não estão forçosamente de acordo. Um mapa geológico não tem o mesmo aspecto se se toma por base a cronologia ou a petrografia dos terrenos. Um mapa das formações vegetais não se parece com um mapa das espécies. Um mapa das indústrias não é o mesmo se for executado a partir da mão de obra, da natureza ou do valor dos produtos. Ainda com mais razão quando se tem como objetivo a execução de um mapa "regional" que ligue entre si o conjunto dos traços tidos como caracterizadores de um lugar. Então existem quase tantos resultados possíveis e aceitáveis quanto autores, escolas de pensamento ou facilidade/dificuldade de acesso às fontes de documentação. Assim, a pesquisa das "regiões geográficas", durante muito tempo o maior objetivo da geografia, pelo menos francesa, favoreceu amplamente as escalas médias e uma concepção estática das coisas, em detrimento dos conceitos da geografia geral (pequenas escalas) e do estudo dos mecanismos de evolução (grandes escalas).

Mesmo uma escolha aparentemente tão neutra quanto a de um sistema de projeção é terminantemente dirigida. Durante séculos, a cartografia do mundo esteve centrada na Europa (meridiano de Greenwich). A geopolítica do século XX mostrou que esse ponto de vista não mais corresponde à realidade contemporânea. E, seja para a navegação aérea ou para esclarecer as relações de força entre nações, no plano econômico ou político, propagam-se mapas cujo centro de projeção é o polo, o Pacífico ou o Oriente Médio.[2]

De qualquer modo, os mapas de inventário são a base de todo conhecimento geográfico e, portanto, de toda intervenção sobre a superfície terrestre. Daí o papel das séries e dos atlas de referência no arsenal de documentos, tanto dos estrategistas como dos pesquisadores. Uma *série* é um conjunto de mapas de mesmo tipo e de mesma escala que cobre todo um território. Exemplo: séries geológicas, geomorfológicas, pedológicas, fitogeográficas, de ocupação do solo, de meio ambiente etc. Um *atlas* é um conjunto de mapas destinados a um espaço dado, mas que podem ser tratados em escalas diferentes de um ou vários temas que lhes concernem. Exemplo: os atlas do mundo, os atlas nacionais ou regionais. Outros atlas tratam de um mesmo tema, mas em diferentes regiões. Exemplos: atlas climáticos, geológicos, agrícolas, econômicos etc. Séries e atlas são a forma cartográfica mais acessível aos usuários para abordar o conhecimento de uma região.

Levantados diretamente no campo ou por sensoriamento remoto, compilados e reduzidos à escala conveniente, os mapas de inventário não colocam problemas técnicos além daqueles lembrados nos capítulos anteriores. Em geral, de concepção bastante clássica, são, mais que todos

---

2. G. Chaliand e J-P. Rageau, *Atlas stratégique*, Paris, Fayard, 1983.

os outros, capazes de uma certa padronização que facilita seu tratamento por procedimentos infográficos normalizados.

Assim, vão se introduzindo a cada dia mais, e em todo lugar, sistemas informatizados de documentação geográfica (*GIS – Geographical Information Systems*).

Cartografia geotécnica para uso dos engenheiros

O mesmo não ocorre com os mapas geotécnicos. Destes pode-se dizer que são únicos, no sentido de que são concebidos para tratar de um caso particular. Com efeito, seu objetivo é fornecer ao técnico os dados específicos do problema a resolver ou da ação a desenvolver no quadro de uma região, de um município ou de um lugar.

No plano da realização cartográfica, não existe diferença de natureza entre os mapas geotécnicos e os outros mapas analíticos ou de correlação. Tampouco existe diferença profunda entre uma "cartografia fundamental", que seria científica e desinteressada, e uma "cartografia aplicada", que seria pragmática e utilitária. Toda pesquisa científica bem conduzida comporta eventuais aplicações, às vezes inesperadas; toda pesquisa aplicada traz fatos concretos inseríveis numa teoria. Cartografia fundamental e cartografia aplicada exigem do cartógrafo a mesma competência na concepção, o mesmo cuidado na execução e a mesma clareza na apresentação.

É mais numa diferença de escala e de objetivo que residem as características originais da cartografia geotécnica. Sendo o raio de ação sempre limitado no espaço, escala é estritamente função do uso que será feito do mapa. Em nível de projeto, contentar-nos-emos com escalas que vão do regional ao local (1:100 000 a 1:20 000); em nível de obra, sempre será preciso voltar às grandes escalas (1:10 000, 1:5 000 e até mais). Além do mais, a escolha dos objetos a cartografar é mais precisa, mais seletiva, mais estrita que para os mapas comuns. Trata-se de concentrar a atenção em fatos arrolados com o objetivo de esclarecer um problema prático estritamente circunscrito. Todos os parâmetros do sistema estudado deverão ser levantados e, se possível, quantificados; mas apenas esses. Do mesmo modo serão avaliados, por sensoriamento remoto ou por medidas no campo, o sentido e a rapidez da evolução dinâmica do sistema. Enfim, as consequências práticas dessa dinâmica, vantajosas ou desfavoráveis, deverão ser claramente expressas.

Documento gráfico completo, quadro localizado de tudo o que se refere à questão colocada, o mapa geotécnico pode eventualmente ser dissociado do relatório escrito que o acompanha. É preciso, portanto, que contenha em si mesmo todos os elementos necessários a sua leitura. O papel da legenda é explicitá-los. Sua construção deve ser cuidadosamente pensada, estruturada e apresentada. Uma legenda bem-feita é um instrumento precioso que faz ganhar tempo e facilita o uso do mapa.

Como auxiliar da ação, a cartografia geotécnica diz respeito a uma multiplicidade de domínios muito diversos. Ela é concentrada na prospecção das minas e das lavras, na engenharia civil, na arquitetura e no urbanismo, na organização rural e florestal, assim como na exploração das zonas expostas a riscos naturais: sismos, vulcanismo, litoral, inundações, movimentos do terreno, erosão do solo etc. Todavia, é conveniente distinguir aquela que se destina ao engenheiro de projetos daquela que concerne ao engenheiro de execução, que dirige um canteiro de obra no campo. A primeira ainda é de média escala; visa conhecer, avaliar, comparar, correlacionar, zonear, decidir. Seu processo assemelha-se ao da cartografia de pesquisa baseada na minuciosa observação do campo. Seu instrumento é o banco de dados, o processamento computacional, a álgebra de mapas e a tela interativa. A segunda é mais do domínio da planta do que do mapa: plantas de canteiros de obra com a localização dos pontos de intervenção, implantação de obras, zonas a proteger ou a preservar etc. A execução de tais documentos permanece, salvo exceções, aos cuidados mais ou menos exclusivos de operadores especializados.

Cartografia de previsão para uso decisório

Seja qual for a importância da sua contribuição, geralmente não cabe ao cartógrafo, ao pesquisador ou ao técnico tomar as decisões que seus levantamentos sugerem. A responsabilidade do cartógrafo reside na apresentação dos fatos, e já se sabe quanto a simbologia gráfica e as insuficiências da documentação podem alterar a imagem da realidade. Por fim, cabe ao político ou ao administrador, em vistas dessa apresentação, decidir em última instância. Premidas entre as potencialidades do terreno e os imperativos socioeconômicos, as instâncias decisórias podem apoiar suas escolhas em mapas de inventário, científicos ou geotécnicos, ou em mapas de previsão, elaborados com essa intenção.

Por mapas de previsão é preciso entender aqueles destinados a prever o futuro de um espaço, conforme suas características socioecológicas atuais sejam conservadas como estão ou sejam mais ou menos modificadas. Em outros termos, o cartógrafo está encarregado de fornecer às instâncias decisórias um ou vários cenários possíveis ou plausíveis, dentre os quais poderão fazer as escolhas táticas que lhes cabem. Esses mapas de previsão colocam-se em vários níveis:

- Os *mapas de alerta* têm como objetivo chamar a atenção para a importância e a frequência dos perigos que ameaçam as instalações existentes ou projetadas. Na França, o exemplo é dado pelos mapas Zermos (Mapas das Zonas Expostas aos Riscos de Movimento do Solo) e pelos PER (Planos de Exposição aos Riscos): riscos sísmicos, inundações, avalanches, deslizamentos de terreno etc. O estabelecimento desses mapas e sua significação estão tão próximos da pesquisa científica quanto a aplicação prática.

- Os *mapas de aptidão ou de potencialidade* são mapas geotécnicos que, a partir de um inventário, apresentam um "zoneamento" que mostra os territórios propícios, neutros ou desaconselháveis para a implantação de uma dada atividade: agrícola, industrial, comercial, social etc. Por exemplo, na França, os mapas de terras agrícolas dos departamentos de 1:50 000.

- Os *mapas de vocação* materializam a aplicação de uma intenção política ou administrativa de divisão de um território em função das aptidões anteriormente definidas e das necessidades do desenvolvimento socioeconômico local, regional ou nacional. Desse ponto de vista, eles mostram as zonas de implantação ou de planejamento mais favoráveis.

– Os *mapas de planificação* são a expressão de um programa de planejamento deliberadamente decretado, e destinado a ser executado. Levam em conta todas as análises precedentes e todas as decisões tomadas. Alguns dizem respeito a apenas uma intervenção específica, como o planejamento ecológico para preservar ou melhorar as qualidades naturais de um lugar. Outros, como os planos de organização integrados ou os planos diretores, tratam do conjunto da planificação de uma região. Outros, enfim, como os POS (Planos de Ocupação do Solo), têm, no nível local, um valor de documento regulamentar, suporte dos direitos e dos deveres a respeito de todas as operações concernentes aos equipamentos de um município.

O caráter comum a todos esses mapas é que eles são prospectivos. Traduzem uma intenção de proteção ou de organização a seguir ao longo do tempo. Destinados aos homens de ação, devem insistir mais sobre as respostas esperadas pelo leitor que sobre as razões que as motivam. Portanto, devem ser facilmente lidos e compreendidos, em função de uma legenda simples e sem ambiguidades. Para isso, o cartógrafo tem uma grande liberdade de expressão, visto que a variedade dos assuntos torna toda a padronização gráfica difícil. Nessas condições, e em virtude de uma divulgação geralmente restrita, a infografia intervém mais no estágio do tratamento da informação que no da execução propriamente dita.

Modelizações e simulações cartográficas

Nos anos 50, os geógrafos tomaram consciência de que os fenômenos mais frequentemente estudados em separado e de uma maneira quase que unicamente descritiva formavam, na realidade, "sistemas" complexos de variáveis, cada uma das quais sendo função de todas as outras. O emprego da análise quantitativa, que se difundia na mesma época, oferecia conjuntamente a possibilidade de construir modelos mais ou menos abstratos desses sistemas, a fim de melhor compreendê-los e de melhor prever o seu funcionamento.

Entende-se por *modelo* uma representação simplificada da realidade, que faz aparecer algumas das suas propriedades. Em geografia, trata-se principalmente de demonstrar as relações espaciais entre fatores às vezes muito diferentes, tais como as relações energéticas e dinâmicas que os animam. Existem várias espécies de modelos: os modelos analíticos (ou conceituais), destinados a fornecer uma imagem racional e inteligível do sistema estudado; e os modelos de previsão, concebidos para simular o sentido e os efeitos do sistema em ação. No encadeamento dos trabalhos científicos sobre um território, o modelo segue a observação de campo (ou o sensoriamento remoto) e sugere a hipótese. Esta, por sua vez, comparada com o terreno, servirá de guia para novas pesquisas e, portanto, para aperfeiçoar o modelo etc. A construção de tais modelos foi uma das grandes modificações metodológicas do raciocínio geográfico nas ultimas décadas. A difusão de "jogos geográficos" eletrônicos sobre a pesquisa dos caminhos mais curtos, dos melhores acessos ou dos melhores rendimentos tende a vulgarizar seu uso.

Qualquer modelo, visto que leva em conta apenas uma parte da realidade, é em si uma abstração. Porém, mais ou menos desenvolvida. Aquém dos modelos numéricos puramente matemáticos, os modelos experimentais referem-se, por analogia, a conceitos físicos já bastante conhecidos. E a cartografia é uma modelização entre outras, que estabelece modelos gráficos cuja abstração aumenta inversamente à escala. Sob a diversidade dos fatores de uma distribuição espacial, o mapa procura revelar uma certa organização sistêmica regional. Os mapas de inventário desempenham esse papel no nível da documentação; os mapas de correlação, no nível da sistematização. A informática lhes acrescenta a capacidade de armazenamento nos bancos de dados, as faculdades de tratamento para o cálculo ou a visualização e as facilidades de execução pelo desenho automático.

Uma das grandes vantagens da modelização é sua aptidão teórica para prever os acontecimentos, resultante do funcionamento do sistema modelizado. Para o pesquisador, o modelo é um meio de experimentar e de verificar as hipóteses pela modificação seletiva e controlada dos dados de origem. Para a gestão do meio ambiente, é uma forma de simular as transformações de um território do qual se vai perturbar a situação inicial. Não obstante, a construção de um modelo de previsão enfrenta dificuldades, sobretudo quando se trata das ciências humanas. Aos dados concretos, embora às vezes dificilmente mensuráveis, acrescentam-se-lhes dados teóricos mais ou menos hipotéticos e, sobretudo, dados de ordem intelectual, psicológica, política etc., completamente subjetivos. Portanto, pode-se duvidar do valor de modelos muito extensos e, em geral, limitamo-nos prudentemente a simulações parciais ou limitadas. Um outro interesse das simulações é o de poder confrontar seus resultados com a realidade, de maneira a reintroduzir no modelo os ensinamentos da experiência. Isso implica que a operação seja feita num tempo bastante curto e que não acarrete transformações prejudiciais irreversíveis.

Nesse sentido, a cartografia, e sobretudo a cartografia computadorizada, é um instrumento eficaz e um precioso apoio para a simulação da gestão territorial. Pelo menos ela permite responder à questão "o que acontecerá aqui se nós fizermos isto?" e, portanto, colocar as instâncias decisórias diante de suas responsabilidades. Dessa forma, pode-se imaginar, para qualquer operação de planejamento, um tratamento infográfico que compreenderia principalmente:

- uma cartografia de inventário e de localização referindo-se a n variáveis tiradas da memória de um banco de dados (mapas de situação e mapas de alerta);
- a produção de modelos cartográficos de implantação (mapas de potencialidades, mapas de vocações, blocos-diagramas e perspectivas), de modelos dinâmicos (mapa de fluxo, mapa de evolução) e de modelos de previsão (cenários de organização), provenientes da comparação visual ou calculada dos fatores implicados na economia do projeto;
- uma cartografia de avaliação dos efeitos de projeto escolhido sobre o meio ambiente existente, tanto físico quanto humano; é essa cartografia que deverá, em seguida, ser comparada com os resultados reais do planejamento empreendido.

Assim, pela utilização conjunta de uma rica informação e de instrumentos sofisticados de tratamento matemático, de visualização e desenho rápidos, o mapa torna-se um auxiliar privilegiado da programação das ações integradas de controle e de gestão do meio ambiente.

5
QUALIDADES E LIMITES DO MAPA

Manual ou automática, a execução dos mapas deve observar um mínimo de regras para torná-los, ao mesmo tempo, fáceis de compreender e úteis para explorar. Se bem que, parcialmente subjetivas, as qualidades de um bom mapa são medidas por sua precisão, pela confiança que se lhe pode conceder e pela sua eficácia. Graças a essas qualidades incessantemente melhoradas, a leitura e o uso dos mapas propagaram-se muito na vida corrente contemporânea. Não obstante, aparecem limites, notadamente no que se refere às medições que se podem efetuar sobre esses mapas.

O mapa vale primeiro por sua precisão

A *precisão* é a qualidade de um mapa em que são nulos ou mínimos os erros de posição, levando em conta a escala e os instrumentos empregados no instante do levantamento e da redação. Um mapa é preciso quando a posição dos objetos e dos lugares representados é rigorosamente semelhante àquela que esses objetos e esses lugares na realidade ocupam no terreno. Nessas condições e nos limites do sistema de projeção adotado, o mapa fornece ao leitor o máximo de garantias para que nele sejam praticados raciocínios e medições nas melhores condições.

A precisão de um mapa reside, em primeiro lugar, na indicação e no traçado dos diversos elementos gráficos. Naturalmente, ela depende da escala e diminui com ela. É por isso que até há pouco se partia, e sempre é aconselhável partir, para os levantamentos no campo, de medidas de terreno na maior escala possível, a qual, em seguida, faz-se derivar até a escala de publicação. Em fotogrametria e em fototopografia a precisão depende tanto das qualidades do aparelho restituidor quanto da habilidade do operador, da nitidez da fotografia e da complexidade do terreno. Nos melhores casos, ela é da mesma ordem que a dos levantamentos no solo, o que, em princípio, permite levantamentos diretos em escala de 1:25 000. Do mesmo modo, o traçado automático reduz os erros gráficos e, portanto, aumenta a precisão. Mas nem por isso ele elimina todos os inconvenientes: por exemplo, os que resultam da generalização ou das convenções gráficas de representação.

A justaposição de elementos dilatados para as exigências da escala não poderia ocorrer sem deslocamentos. Num mapa de 1:100 000, uma estrada comum seria representada por um traço de 0,1 a 0,2 mm, uma autoestrada por um traço de 0,3 a 0,5 mm, diferenças dificilmente sensíveis aos olhos. Deve-se, portanto, recorrer a uma representação deformada, aumentada e bem posicionada em relação aos objetos vizinhos. Mesmo na escala detalhada de 1:25 000, meio milímetro representa 12,5 m, um traço de 0,2 mm, 5 m. Assim, frequentemente deve-se contar com uma incerteza de uma dezena de metros. Em altitude, as diferenças também são incômodas. Num declive de 30%, um deslocamento horizontal de um décimo de milímetro seguindo a linha de maior desnível acarreta um erro de 0,75 m e a fotogrametria não faria melhor. Quando se quer interpolar algo entre as curvas de nível de uma rede, erros de vários metros, em altitude, não são raros.

Do mesmo modo, quando a escala diminui, o cartógrafo é forçado a empregar mais sinais convencionais que são cada vez mais ilegíveis e, portanto, cada vez menos precisos. Muitas vezes, para chamar a atenção, é preciso exagerar certas superfícies de maneira a torná-las visíveis. Então, elas são transcritas por símbolos geométricos exagerados. Quando cada um dos objetos de um grupo é pequeno demais para ser desenhado individualmente e deve ser representado, utiliza-se uma representação coletiva. Nesse caso, a precisão reside na indicação cuidadosa do centro da figura; mas a generalização ainda permanece como um fator notável de alteração.

É verdade que se podem acrescentar, no próprio mapa ou nas suas margens, todos os dados necessários para uma referência rigorosa: rede de coordenadas, referências geodésicas, escala gráfica etc. Apesar de tudo, a precisão permanece sob a dependência das convenções gráficas e da perspicácia do leitor.

Preciso, o mapa também deve ser *exato* e *fiel*. Exato quer dizer isento de qualquer erro de documentação, de localização ou de interpretação. Fiel significa conter de uma maneira correta e de acordo com a realidade todos os levantamentos compatíveis com sua escala e seu objetivo. Precisão, fidelidade e exatidão, essas são as qualidades básicas, científicas e legais, que correspondem às condições de emprego ideal do mapa e ao crédito que se lhe pode dar.

Qualidades didáticas e legibilidade

Para cumprir plenamente seu papel de comunicação, o mapa deve não apenas dar prova de qualidades básicas, mas também de qualidades de forma, técnicas e didáticas, que o tornem expressivo e facilmente legível.

Um mapa é *expressivo* quando atrai convenientemente a atenção do leitor para os mais significativos aspectos do tema tratado. A expressão cartográfica é a maneira de valorizar, entre outros detalhes, os pontos considerados como os mais importantes e de destacar bem as relações hierárquicas ou dialéticas que existem entre os diferentes componentes do sistema estudado.

Cada meio de expressão tomado individualmente não é mais que localização. Mas o mapa atingirá plenamente seu objetivo se exigir tanto do raciocínio quanto da memória: por exemplo, mostrar que tal tipo de solo, ligado a tal substrato litológico, convém a tal cultura de planície ou de planalto etc. A verdadeira intervenção do cartógrafo reside, pois, tanto na aliança dos procedimentos gráficos quanto na sua escolha. Em geral, basta aplicar, nesse objetivo, algumas regras de lógica e de bom-senso: utilizar representações sugestivas, aproximar o que é comparável, contrastar o que não é semelhante, classificar e ordenar corretamente os valores. Para isso, o cartógrafo pesquisará os sinais e os símbolos, as cores e as tramas mais apropriadas e que correspondam a um mínimo de convenções que serão lembradas numa legenda completa e bem construída. Ao contrário, ele evitará qualquer simbologia confusa ou equívoca, irracional ou heteróclita. O leitor não deve ter que resolver um enigma complicado; deve poder se deixar guiar por suas próprias impressões visuais e pela própria lógica do sistema de representação.

A expressão é uma parte importante da estética de um mapa, mas também é uma parte significativa do seu valor científico. Em cartografia topográfica ela é inseparável da precisão, que ela completa e a que serve: a substituição das curvas de nível por hachuras é uma notável ilustração disso. Em cartografia temática, a expressão é uma qualidade maior, pois o objetivo essencial é, então, fornecer uma imagem seletiva e coerente dos fatos representados e de suas correlações.

A *legibilidade* é a qualidade de um mapa cuja informação procurada pode ser facilmente encontrada, diferenciada entre outras e memorizada sem esforço. Um mapa deixa de ser legível quando não se consegue, no nível dos detalhes, isolar à primeira vista a informação desejada, nem captar, no nível do conjunto, as relações existentes entre as manchas elementares.

Como para o entendimento de um texto ou a audibilidade de um discurso, a legibilidade de um mapa deve levar em conta os limites de percepção (aqui visual) que não se deve transgredir. Em nível elementar, as variáveis retinianas deverão ser escolhidas em função de seu valor simbólico, mas também em razão de suas propriedades dissociativas. Procurar-se-á prioritariamente estabelecer as melhores diferenças sensíveis para que a distinção seja tão fácil entre os símbolos de um mesmo grupo, como entre aqueles de grupos diferentes. Um número aceitável de cores pode facilitar a legibilidade, mas não se pode esquecer que isso aumenta sensivelmente os custos de redação e impressão; é preciso levar em conta esses inconvenientes materiais. Em nível geral, deve-se tentar separar bem as manchas e os símbolos significativos do tema tratado daqueles do fundo do mapa, evitando que uma densidade gráfica muito grande torne a leitura confusa e complicada num mapa mal distribuído.

A regra fundamental é que o documento não seja sobrecarregado nem ilegível, o que não é sempre possível, principalmente nos casos de mapas de inventário. No caso extremo, mais vale recorrer a vários mapas fáceis de decifrar do que produzir um único deles ilegível. Pode-se também visar ao estabelecimento de mapas de mesma escala em suportes transparentes superponíveis ou de cartões anexos em escalas diferentes. A análise eletrônica no vídeo é, evidentemente, a solução mais elegante e segura, mas ainda a menos difundida.

Há pouco tempo, na época da cartografia manual, atribuía-se uma grande importância à estética, que é um elemento da legibilidade. Nos primeiros momentos da cartografia computadorizada, a estética foi um pouco negligenciada. As tiragens impressas alfanuméricas são de uma lamentável mediocridade. Desde então, a infografia fez grandes progressos e algumas das suas produções podem rivalizar com os melhores mapas manuais. Contudo, pode-se perguntar se mais vale continuar a imitar os mapas, tal como outrora se fazia, ou tentar criar um novo estilo de mapas adaptado ao mesmo tempo às possibilidades científicas e às capacidades técnicas dos computadores.

Eficácia

Definitivamente, um bom mapa vale sobretudo por sua *eficácia*. Um mapa é eficaz quando é perfeitamente adaptado ao seu objetivo, nos limites de sua escala e de seu sistema de projeção. Isso implica que ele seja:

- conciso; ou seja, deve conter todos os dados necessários ao tratamento do assunto, excluindo qualquer digressão supérflua ou fora de propósito;
- completo; ou seja, deve cobrir a totalidade da superfície a que se refere, sem corte nem interrupção;

- verdadeiro; ou seja, deve manter-se dentro dos limites impostos pela documentação ou observação; a esse respeito, pode-se advertir o leitor, nas margens do mapa ou numa nota, do valor real das informações fornecidas, da indicação das fontes, do modo de levantamento e das incertezas encontradas e do grau de interpolação adotado.

A eficácia de um mapa é testada pelo uso, em função das comodidades de utilização e dos serviços prestados. Ele é particularmente apreciado no caso dos mapas para instâncias decisórias, ou destinados ao exercício de uma ação determinada, como os mapas rodoviários, os mapas marítimos, aeronáuticos, geotécnicos etc. A eficácia é feita pela facilidade de manipulação, pela riqueza de informação, pela confiabilidade e facilidade de leitura. Finalmente, depende do tempo mínimo necessário para dele retirar o máximo de esclarecimentos de qualidade. O melhor mapa é o que requer menos esforço no mínimo de tempo para atingir o objetivo visado. O "rendimento" mais satisfatório é aquele para o qual o "custo mental" de percepção e assimilação é o menos elevado.

As qualidades de um mapa são sutis e difíceis de definir com exatidão. O certo é que um mapa não suporta bem as indecisões, as insuficiências e as fraquezas. É por isso que a cartografia é uma disciplina exigente e mesmo tirânica. A obrigação de exaustividade espacial absolutamente não admite confissão de ignorância e o preenchimento de vazios deve ser inteiramente justificado. Uma cartografia benfeita é mais que necessária no domínio do inventário e mais que estimulante no da pesquisa.

Limites de percepção e níveis de leitura

A expressão cartográfica decorre da produção sucessiva ou simultânea de imagens retinianas significativas. O leitor percebe cada uma dessas imagens fisicamente e as reagrupa intelectualmente num conjunto coordenado que lhe permite compreender a mensagem enunciada. Ler um mapa põe em jogo, de um lado, os mecanismos da percepção visual e, de outro, os processos mentais do entendimento e da memorização. Os primeiros são de ordem fisiológica e levados em conta na escolha que é feita dos sinais e símbolos. Os segundos são de ordem psicológica e estimulados pela organização espacial da informação.

É possível transcrever uma grande quantidade de informações sobre a folha de desenho. Em princípio, pelo menos uma para cada ponto do plano, sem contar os dados de localização. Às vezes, várias, se empregadas criteriosamente as variáveis gráficas. Portanto, existem limites a não ultrapassar, quando se quer evitar ao leitor um esforço inútil e conservar a legibilidade do documento.

Primeiro existem os limites devidos às técnicas do desenho. É praticamente impossível modular um traço ou um ponto de espessura inferior a 0,2 mm, ou separar dois traços ou dois pontos, um do outro, por uma distância inferior a essa mesma medida. É totalmente impossível formar um ângulo inferior a meio grau sem empastá-lo ou fazer convergir mais de oito traços sobre um ponto, sem engrossá-lo exageradamente.

Existem também limites devidos ao poder separador do olho na apreciação dos contrastes que condicionam a seleção dos sinais e das manchas. Esses contrastes devem ser tanto mais sensíveis quanto mais carregado for o mapa. A seleção das formas depende dos contrastes angulares; toda diminuição de tamanho tende à confusão dos contornos e, no caso extremo, de visível resta apenas o ponto, a linha ou a cruz. Os contrastes de valor ou de granulação e as diferenças de tamanho determinam a seleção dos limiares ou patamares; estes não podem ser multiplicados ao infinito e existe um número ótimo a encontrar, em função da densidade do desenho e da significação simbólica dos patamares.

O uso da cor requer prudência ainda maior.[1] O que o olho percebe é a diferença das cores na ordem do espectro luminoso. Mas as cores muito próximas mal se diferenciam. As cores pálidas, particularmente o amarelo, não podem ser utilizadas de forma válida nos sinais pontuais ou lineares muito pequenos. De fato, a seleção é tanto mais fácil quanto maior for a

---

1. H. Gaussen, *L'emploi des couleurs en cartographie*, Bol. do Serv. do Mapa Fitogeográfico, série A, t. III, 1958.

mancha colorida combinada com outras variáveis, como a forma ou a orientação. Quando a superfície da mancha diminui, a difusão da luz torna-se tal que a variação de valor introduzida pela proximidade do branco ou de outras cores mascara a unidade da tonalidade. Então, é quase impossível distinguir cores próximas em manchas inferiores a 1 ou 1,5 mm. Do mesmo modo, uma aglomeração de pontos de tamanho grande parecerá maior que um aglomerado de pontos pequenos ou mais separados, mesmo de tonalidade mais escura. Ao contrário, a difusão permite a mistura das tonalidades e dos valores, para se obter cores compostas a partir de cores básicas. Em tricromia assim se obtém, a partir de três passagens no prelo (amarelo; azul = "ciano"; e vermelho = "magenta"), a maioria das cores usuais.

A prática, contudo, permanece muito aquém da teoria, em matéria de criação de imagens. Ora, a composição de um mapa consiste em criar tantas imagens quantos forem os componentes de qualificação existentes. Então, proceder-se-á de modo diferente conforme a natureza das questões que o leitor possa colocar, ou seja, em função da finalidade do mapa.

- Ante uma questão de ordem enumerativa do tipo "que existe em tal lugar?", deseja-se um inventário que seja completo em cada local. Isso justifica uma construção única com múltiplas imagens, utilizando diversas variáveis em superposição, mesmo se de difícil análise.
- Ante uma questão de ordem distributiva do tipo "onde se encontra tal característica?", espera-se uma resposta rápida, que possa ser facilmente memorizada. Tem-se, então, vantagem em construir um mapa por característica ou grupo de características, admitindo a possibilidade de comparar várias delas, visualmente ou por cálculo, para saber o que ocorre num lugar bem determinado.
- A uma questão de ordem explicativa do tipo "qual a relação entre tais e tais características?" correspondem os mapas de correlação, que como se sabe são quase sempre compilados.

J. Bertin distingue assim os "mapas para ver", de percepção quase imediata, e os "mapas para ler", que requerem mais atenção. Nestes sempre existem vários *níveis de leitura* possíveis, cada um dos quais coloca um ponto de vista diferente a respeito da informação:

- O nível elementar diz respeito à observação de cada sinal ou símbolo. É um nível de análise ou de inventário que responde às questões simples: "onde?", "quê?" ou "como?".
- O nível médio refere-se à observação dos agrupamentos intermediários. É um nível de subdivisão ou de regionalização, isto é, de divisão do território em unidades geográficas distintas.
- O nível de conjunto diz respeito à observação global de todo o mapa como se o terreno fosse visto de um avião ou satélite. É um nível de síntese, uma mensagem que deve corresponder à intenção contida no título do mapa.

O cartógrafo trabalha para ser visual e rapidamente compreendido. Isso implica um cuidado atento e prioritário com a legibilidade no nível do conjunto, com a precisão no nível elementar e com os contrastes ou correspondências no nível médio. Ao leitor cabe tirar o maior benefício de sua composição.

As medidas nos mapas e suas incertezas

Diante dos progressos técnicos da cartografia, o usuário se vê tentado a efetuar com toda segurança, no mapa publicado, as medições essenciais de que pode ter necessidade: medidas de orientação, de localização, de comprimento, de superfície, contagem de objetos, apreciações de volumes, de diferenças, de relações etc. A informatização e a automação muitas vezes lhe aparecem como uma razão suplementar de confiança. Com efeito, a *cartometria*, que é a arte de operar as medições nos mapas, nos ensina que o valor dos resultados é perturbado por falhas ou erros mais ou menos inevitáveis. Uns, sistemáticos, são devidos aos instrumentos, outros, acidentais, devem-se principalmente aos operadores. Os primeiros podem apenas ser reduzidos; dever-se-ia chegar a eliminar os outros.

Muitos erros são produzidos no instante do levantamento. As redes geodésicas modernas asseguram uma precisão de alguns centímetros no campo, portanto, muito superior ao erro gráfico, mesmo nas maiores escalas. Ao contrário, os pontos astronômicos no campo admitem erros mais consideráveis, da ordem do metro ou mesmo do decâmetro, apenas aceitáveis para mapas de reconhecimento. Da mesma forma, se os nivelamentos de precisão fornecem as altitudes aproximadas em centímetros, os nivelamentos geodésicos indiretos introduzem erros de vários decímetros, e os nivelamentos barométricos de vários metros. Mas é no conjunto dos outros valores característicos em z, e especialmente no dos valores estatísticos, que as margens de erro são mais largas e mais aleatórias.

Um outro grupo de erros refere-se à passagem dos dados para o mapa. Não se pode evitar um certo "erro gráfico", que é o erro potencial, pessoal e/ou instrumental, cometido pelo cartógrafo no momento do desenho. Esse erro é compreendido entre 0,1 e 0,3 mm e diminui quando a escala aumenta. De 40 m na escala de 1:200 000, ele não é maior que 5 m em uma de 1:25 000 e 1 m em uma de 1:5 000. Aliás, o uso dos coordenatógrafos e do traçado automático pode reduzi-lo ainda pela metade. Para o nivelamento, aos erros de levantamento acima citados, acrescentam-se as imprecisões da localização dos pontos cotados e sobretudo o traçado das curvas de nível. Assim, nas medições altimétricas nos mapas, a incerteza aumenta do ponto cotado à curva, da curva aos pontos situados entre duas curvas e das grandes às pequenas escalas. Enfim, vimos que não existe projeção ou generalização sem alterações. É verdade que a maior parte delas pode ser calculada e que sua incidência sobre as medidas, no nível do mapa, diminui rapidamente quando a escala aumenta.

Um mapa, mesmo bem executado, sofre aliás outras deformações antes que o leitor seja levado a nele efetuar medições. Essas falhas advêm principalmente das imperfeições dos suportes e de seu tratamento no decorrer da execução do mapa. Os suportes plásticos atuais já atenuaram consideravelmente esses inconvenientes. Mas o mapa só pode ser divulgado por meio de folhas impressas. Ora, a prova impressa e distribuída nunca é rigorosamente igual ou mesmo semelhante ao original. Mesmo os mapas outrora gravados em metal perdiam todo o seu rigor no decorrer da impressão. Isso porque o papel está longe de ser um suporte inerte. Ele reage às variações higrométricas na gráfica, à umidade dos cilindros das máquinas, assim como às tensões produzidas pela impressão e depois pela secagem da tinta, sem contar as mudanças do acondicionamento, da estocagem, do transporte e das condições da sala de leitura. Essas variações, que podem alcançar vários milímetros, ou vários metros na escala, não são nem regulares, nem inteiramente previsíveis, nem semelhantes em todas as direções, nem exatamente reversíveis. Elas podem se somar ou se contrapor. Elas alteram os registros no momento da tiragem, e também afetam as medições no documento. Pode-se atenuar um pouco esses inconvenientes pelas astúcias de manipulação em ambientes climatizados, mas sem eliminá-los completamente. Daí a necessidade de uma escala gráfica que, variando ao mesmo tempo que o suporte, permita diminuir parcialmente os erros.

Outras imprecisões, enfim, dizem respeito aos instrumentos empregados para efetuar as medições. Os comprimentos tirados por régua, compasso de ponta seca ou tira de papel jamais excedem uma aproximação da ordem de 0,5 a 0,2 mm. Para as linhas sinuosas, o uso da régua flexível ou do curvímetro fornece aproximações da mesma ordem. Para os ângulos, o transferidor não permite estimar muito menos que um quarto de grau. Pode-se, a rigor, aumentar a precisão com o emprego de um conta-fios. Para as medidas de superfície, existem métodos que consistem em decompor a área a calcular no maior número possível de superfícies mensuráveis elementares: quadrados, retângulos ou triângulos. O método da pesagem, comparação das pesagens da superfície total e da superfície da unidade é muito aleatório em razão da heterogeneidade do papel. Mais segura é a utilização do planímetro, na condição de reiterar as medidas em número suficiente. Mas ainda aqui a verdadeira solução está na informática. O computador sabe fazer todas as medições requeridas, a partir das coordenadas dos pontos numerizados ou interpolados matematicamente. Ele pode, então, fornecê-las diretamente na impressora ou reconstituir sem erro todo o mapa, ou parte dele, no monitor de vídeo.

Todas essas observações devem estar presentes no espírito, quando nos propomos empreender medições nos mapas. Elas devem condicionar também qualquer operação de transferência de novas posições para uma base. Não se deve exigir dos mapas mais do que eles podem dar, mas é legítimo querer o que podem fornecer. Para isso, sempre se procurará trabalhar na maior escala possível. Mas devem-se evitar as falsas precisões e manter apenas os resultados compatíveis com as qualidades do documento.

CONCLUSÃO

O mapa é, a partir de agora, um objeto de uso corrente, tanto na pesquisa científica quanto no planejamento territorial ou na vida cotidiana. Todos já viram mapas na escola, na televisão, no jornal, na publicidade. Com os mapas rodoviários, as plantas de cidades, os prospectos turísticos, todos estão familiarizados com esse modo de expressão. E, não obstante, quem conhece a fundo suas possibilidades? Quem sabe mesmo lê-los com o máximo de vantagem e de eficácia?

Para um bom número de leitores, o mapa serve quando muito para situar uma localidade ou para preparar um itinerário. Nem sempre para segui-lo: se cada um soubesse usar o mapa com discernimento, haveria menos engarrafamentos nas estradas congestionadas. Pouquíssimos pesquisadores chegam a pensar em se exprimir pela cartografia, menos ainda em empregá-la como um meio de tratar a informação. Entretanto, não seria essa a melhor maneira de introduzir a dimensão espacial na pesquisa? Foram os marinheiros, os militares, os exploradores e os naturalistas os primeiros a sentir sua necessidade. Os administradores e as ciências humanas os seguiram, às vezes timidamente. Pode-se ver aí uma certa deficiência na percepção do espaço, uma certa impotência em conceber a exaustividade em superfície. Pode-se perceber também aí uma certa desconfiança ou um certo desprezo de intelectuais diante daquilo que se pode considerar primeiro como uma técnica. Pode-se perceber sobretudo uma evidente insuficiência do ensino escolar e universitário da cartografia: nunca se aprende a ler o mapa como se aprende a ler os livros, e muito menos a fazê-los como se aprende a escrever.

Entretanto, com exceção dos relatos de viagens e de alguns raros textos sobre o mundo, durante muito tempo geografia e cartografia foram confundidas como um mesmo ramo da matemática e da astronomia aplicada à mensuração e à representação do mundo conhecido. O desenvolvimento, a partir do século XIX, de uma geografia descritiva cada vez mais explicativa, mas de expressão quase exclusivamente literária, paradoxalmente contribuiu para isolar o cartógrafo. Este não é, pois, mais que um fabricante de mapas topográficos, de ilustrações de textos ou de atlas. Foi preciso esperar o final do século XIX e o início do século XX para que os geógrafos se pusessem a transferir para a base de mapas topográficos ou corográficos as características qualitativas e quantitativas dos territórios estudados, para mostrar sua divisão e sugerir suas correlações. Assim, assiste-se a uma espécie de explosão da cartografia, primeiro chamada "cartografia geográfica", depois "cartografia temática", e que hoje ultrapassa amplamente o estreito domínio da geografia propriamente dita, para atingir o de todas as ciências que incluem uma dimensão espacial.

Pode-se falar desde então de uma explosão da cartografia? Ao contrário, subsiste uma unidade de método que, a partir de princípios semiológicos comuns, permite ao cartógrafo abordar com êxito qualquer assunto de interesse geográfico. Nesse novo quadro, é no plano técnico que se situaria a diferença entre o pesquisador e o cartógrafo. O primeiro analisaria os problemas, elaboraria as sínteses e construiria as teorias. O segundo traria um conhecimento gráfico ao trabalho daquele. Na verdade, essa divisão teria prevalecido se as técnicas cartográficas tivessem permanecido no domínio do artesanato ou mesmo da arte. Mas isso é cada vez menos exato desde o desenvolvimento dos modernos procedimentos mecânicos e fotomecânicos e menos ainda a partir do aparecimento da informática, do tratamento das imagens, da concepção auxiliada por computador e da cartografia automática. Amanhã, ou mesmo hoje, qualquer pesquisador pode se tornar seu próprio cartógrafo e qualquer cartógrafo pode ter acesso ao tratamento da informação. Compreendido dessa maneira, o papel científico da cartografia assume uma nova dimensão. O mapa não é apenas uma simples ilustração; é também um meio de armazenar e de tratar uma documentação espacial que muitas vezes leva a rever ou a repensar a metodologia empregada e a concepção mesma do espaço geográfico.

Dessa espécie de convergência do trabalho científico e do trabalho cartográfico deveria nascer uma nova geração de cartógrafos-pesquisadores ou de pesquisadores-cartógrafos, menos inclinados a negligenciar o espaço concreto e mais bem equipados para encerrá-lo luma formulação visual lógica. O ofício do cartógrafo é instado a mudar de face rapidamente. Mas todas as etapas da realização cartográfica não serão atingidas do mesmo modo.

A primeira etapa do trabalho cartográfico é sempre uma etapa de reflexão e de concepção. Nesse estágio, nada distingue o cartógrafo do pesquisador ou do engenheiro experimentado na temática considerada, senão a preocupação afirmada de localizar os fatos registrados. Para ser um bom cartógrafo, primeiro é preciso ser um bom especialista. É preciso saber dominar o assunto a ser tratado e nele incluir um aguçado sentido do terreno, ao mesmo tempo que uma séria maestria da composição gráfica. O sensoriamento remoto e o tratamento infográfico são, nesse nível, preciosos auxiliares, mas que não dispensam absolutamente o discernimento lógico e a imaginação criadora.

As etapas seguintes são principalmente etapas técnicas. O ponto de vista científico e a pesquisa intervêm apenas para melhorar ou para corrigir a composição, no sentido de uma melhor expressão. A maquete criada pelo desenhista-cartógrafo ou a imagem obtida na tela conversional devem ser documentos definitivos, corretamente generalizados, verificados e preparados de maneira a ser reproduzidos sem problemas. O desenho de execução manual exige ainda muita habilidade e experiência; mas o traçado sobre máscara e películas em suportes estáveis, o uso das retículas e das letras pré-fabricadas ou decalcadas, a fotografia, a seleção eletrônica das cores e sobretudo o desenho automático facilitam-no de maneira considerável ou o substituem totalmente.

A partir desse estágio, o mapa entra no circuito industrial e comercial da fotogravura, da impressão e da edição. Ele escapa do seu criador.

O cartógrafo está longe de ser, como muitas vezes se acredita, um simples desenhista especializado. Seu papel é mesmo tão múltiplo que se pode perguntar quantos são capazes de mantê-lo por inteiro. É cada vez mais certo que a soma dos conhecimentos exigidos ultrapassa as possibilidades de uma única pessoa. Pelo menos é necessário assegurar ao futuro cartógrafo uma dupla formação, cultural e técnica, em pelo menos um domínio "cartografável": topografia, geografia, ciências da natureza, ciências sociais, meio ambiente, planejamento, edição, jornalismo etc. Ao contrário, podem se formar em técnicas cartográficas pesquisadores, engenheiros ou publicitários experientes na sua especialidade. O ensino superior da cartografia é mais ou menos construído sobre esse modelo. Introduz-se nele, atualmente, o sensoriamento remoto e a infografia. Como é muito difícil para o cartógrafo conhecer todas as sutilezas da programação, assim como para o analista imaginar todas as situações em que podem ser aplicados os algoritmos, é provavelmente no quadro das equipes envolvendo pesquisadores, cartógrafos, técnicos em estatística e informática que se desenvolverão as atividades mais inovadoras.

Existe, nessa perspectiva, uma ameaça contra os cartógrafos, decorrente da própria evolução da cartografia? Muitos dos que hoje estão em ação inquietam-se com isso. Pode-se pensar que, no futuro, suas atividades serão outras, sem, entretanto, desaparecerem. A máquina só funciona com eficiência na condição de ser dirigida: ora, quem, portanto, poderia dirigi-la, senão esses especialistas que saberiam executar um mapa sem sua ajuda? Além dos problemas clássicos que o cartógrafo deve continuar a conhecer, ele deverá resolver outros sem, contudo, negar ou ignorar os princípios de base. O cartógrafo ainda deverá saber fazer um levantamento de campo, conduzir uma pesquisa de sondagem, passar a limpo um croqui ou redigir um mapa manual que não justifica o uso do computador. Deverá fazer as escolhas racionais e gráficas a ser designadas para o programador. O ofício muda e muda depressa e o cartógrafo deverá se adaptar. Sem esquecer as técnicas do desenho e do tratamento da imagem, cada vez mais ele se aproximará do engenheiro e do técnico em informática. Uma nova face da cartografia não implica forçosamente fim dos cartógrafos.

BIBLIOGRAFIA RESUMIDA

BERTIN, J. – *Sémiologie graphique*. 2ª ed., Paris, Mouton-Gauthier-Villars, 1973.

_____ – *La graphique et le traitement de l'information*. Paris, Flammarion, 1977.

BONIN, S. – *Initiation à la graphique*. Paris, Epi, 1975.

BOUROCHE, J.-M. e SAPORTA, G. – *L'analyse des données*. Paris, PUF, col. "Que sais-je?", 1980.

Bulletin du Comité Français de Cartographie. Paris.

Bulletin d'Information de l'Institut Géographique National. Paris.

CARRÉ, J. – *Lecture et exploitation des photographies aériennes*. Paris, Eyrolles, 2 vol., 1972.

CAUVIN, C. e RIMBERT, S. – *La lecture numérique des cartes thématiques*. Fribourg, Ed. Universitaires, 1976.

CUÉNIN, R. – *Cartographie générale*. Paris, Eyrolles, 2 vol., 1972.

DAINVILLE, F. de – *Le langage des géographes*. Paris, Picard, 1964.

DUPUY, M. e DUFOUR, H.-M. – *La géodésie*. Paris, PUF, col. "Que sais-je?", 1969.

FOVIN, P. – *Cartographie topographique et thématique*. Caen, Paradigme, col. "Télédétection satellitaire", 1987.

Glossaire français de cartographie. Bull. *Comité Français de Cartographie*. Paris, n. 46, 1970.

JOLY, F. – *La cartographie*. Paris, PUF, col. "Magellan", n. 34, 1976.

HOLLANDER, R. d' – *Topographie générale*. Paris, IGN, 2 vol., 1970-71.

LIBAULT, A. – *Histoire de la cartographie*. Paris, Chaix, 1960.

_____ – *La cartographie*. 3ª ed., Paris, PUF, col. "Que sais-je?", 1972.

MERLIN, P. – *La topographie*. Paris, PUF, col. "Que sais-je?", 1964.

REIGNIER, F. – *Les systèmes de projection et leurs applications*. Paris, IGN, 1957.

RIMBERT, S. – *Cartes et graphiques*. Paris, Sedes, 1964.

_____ – *Leçons de cartographie thématique*. Paris, Sedes, 1968.

STEINBERG, J. e HUSSER, J. – *Cartographie dynamique applicable à l'aménagement*. Paris, Sedes, 1988.

VERGER, R. – *L'observation de la Terre par les satellites*. Paris, PUF, col. "Que sais-je?", 1982.

Obs.: Poderá ser também de grande utilidade consultar a revista *Mappemonde*, publicada em Montpellier pela GIP-RECLUS, desde 1986.